机电类专业系列丛书

互联网+创新型“十四五”精品教材

金工实习

（微课版）

主　编◎张　娟　王　锋　胡绍平

副主编◎肖世贵　刘　刚　石晨迪

赵志锋　万　康　杨永[illegible]

哈爾濱工程大學出版社
Harbin Engineering University Press

内 容 简 介

金工实习作为机械制造工程实践教学的专业基础课程，旨在培养学生掌握金属加工的基本技能和实践能力。本书主要针对当前形势和金工实习课程教学的需求编写而成。全书共7章，主要包括金工实习基础、铸造、锻压、焊接、钳工、机械加工、现代制造技术等方面的内容。

本书既可作为职业院校电气自动化技术、机电一体化技术专业的教材，也可供对金工感兴趣的人员阅读参考。

图书在版编目（CIP）数据

金工实习 : 微课版 / 张娟, 王锋, 胡绍平主编. 哈尔滨 : 哈尔滨工程大学出版社,2024.12. -- ISBN 978-7-5661-4612-0

Ⅰ. TG-45

中国国家版本馆CIP数据核字第2024AR5759号

金工实习（微课版）

JINGONG SHIXI（WEIKE BAN）

选题策划 张林峰
责任编辑 张林峰

出版发行 哈尔滨工程大学出版社
社 址 哈尔滨市南岗区南通大街145号
邮政编码 150001
发行电话 0451-82519328
传 真 0451-82519699
经 销 新华书店
印 刷 唐山唐文印刷有限公司
开 本 787 mm×1 092 mm 1/16
印 张 13
字 数 333千字
版 次 2024年12月第1版
印 次 2024年12月第1次印刷
书 号 ISBN 978-7-5661-4612-0
定 价 49.80元

http://www.hrbeupress.com
E-mail:heupress@hrbeu.edu.cn

前　言

党的二十大报告指出，“坚持尊重劳动、尊重知识、尊重人才、尊重创造，实施更加积极、更加开放、更加有效的人才政策”“着力形成人才国际竞争的比较优势，加快建设国家战略人才力量”“深化人才发展体制机制改革……把各方面优秀人才集聚到党和人民事业中来”。

金属工艺作为人类文明的重要组成部分，历经数千年的演进和创新，已经发展成为一门高度成熟和完善的技艺。它不仅在推动人类社会进步和科技发展中发挥了重要作用，也在艺术及实践领域展现了独特的魅力。学习金工知识，对当代大学生尤其是高职学生的就业及未来职业发展具有重要意义。本书具有以下特点。

（1）高度的实践性。它不仅仅是一系列理论知识的堆砌，也包含大量的实践操作步骤和实例，让学生在实际操作中理解和掌握金工技能。

（2）系统性和完整性。它涵盖了金工实习课程所需的绝大多数知识点，从基本理论到实际操作，从单一技能到综合应用，形成了一个完整的知识体系。这有助于学生全面掌握金工技能，为日后的学习和工作打下坚实的基础。

（3）新颖性和时代性。它紧跟时代步伐，引入新的技术和工艺，使学生能够接触到最新的金工知识和技术。同时，教材的语言风格简洁明了，易于理解，使得学生能够快速掌握知识要点。

本书由张娟（赣州职业技术学院）、王锋（甘肃省平凉理工中等专业学校）、胡绍平（广东职业技术学院）担任主编，由肖世贵（吉安高级技工学校）、刘刚（吉安职业技术学院）、石晨迪（吉林工程职业学院）、赵志锋（益阳职业技术学院）、万康(福建省龙岩华侨职业中专学校) 、杨永磊（中国石油天然气股份有限公司青海油田分公司）担任副主编。本书相关资料可扫封底二维码或登录 www.bjzzwh.com 下载获得。

编者在编写本书的过程中参考了大量资料，在此向相关人员表示感谢。由于编者水平有限，书中难免存在不足之处，恳请广大读者批评指正并提出宝贵意见。

编　者

目　录

CONTENTS

第 1 章　金工实习基础

本章导读

金工实习是工科学生不可或缺的实践教学环节，通过实际操作将理论知识与工程实践紧密结合，培养学生的动手能力和解决实际问题的能力。本章将全面概述金工实习的核心内容，包括实习概述、注意事项和操作规程、常用工程材料以及常用测量技术。

学习目标

◎知识目标

1. 了解金工实习的概念及内涵。
2. 熟悉金工实习的目的。
3. 了解金工实习的注意事项。
4. 熟悉金工实习常用工程材料。

◎技能目标

1. 掌握金工实习的主要内容。
2. 掌握金工实习各工种的操作规程。
3. 熟练掌握金工实习常用测量技术。

◎素质目标

1. 提升学生对金工实习的整体认知。

2. 增强学生对金工实习的学习和研究意识，拓宽知识框架。

◎思政目标

通过金工实习相关知识技能的学习，促使学生在实习中全面发展，不仅关注技术水平的提升，还注重人文素养、职业操守、社会责任感等方面的培养，使其成为具备综合素养的金工专业人才。

1.1 金工实习概述

金工实习是金属工艺学实习的简称。因为传统意义上的机械都是用金属材料加工制造而成的，所以人们将有关机械制造的基础知识称为金属工艺学。金工实习也是一门实践性的技术基础课。

目前，随着科学和生产技术的发展，机械制造所用的材料已扩展到包括金属、非金属和复合材料在内的各种工程材料，机械制造的工艺技术也已越来越先进和现代化，因此金工实习的内涵也有所变化，其名称也改为工程训练等，但不少地方仍沿用金工实习这一名称，此时不应简单从字面来解读，而是将其看作一种历史和传承。

1.1.1 金工实习的内容

金工实习主要学习工程材料知识及常用量具工具的使用方法，了解钳工、车削、铣削、磨削、焊接、铸造、锻压等工种的工作要求和基本技能，了解现代制造技术及对工程技术人员基本素质的要求，具体如下。

（1）钳工。钳工是以手工操作为主，使用各种工具完成制造、装配和修理等工作的一个工种。钳工的基本操作有划线、锯削、锉削、孔加工、攻（套）螺纹、装配等。

（2）车削。车削是指在普通车床上利用工件的旋转运动和刀具的直线运动或曲线运动来改变毛坯的形状和尺寸，把毛坯加工成符合图样要求的零件的过程。

（3）铣削。铣削是平面、沟槽和轮廓加工的主要方法之一。铣削还可用于加工台阶面、各种复杂形状的成形面、切断等。

（4）磨削。磨削是指用砂轮或其他磨具加工工件的方法。磨削常用于半精加工和精加工，主要可以加工外圆、内孔、平面、成形面等。

（5）焊接。焊接是通过加热或加压（或两者并用），使焊件形成原子间结合的一种加工方法。

（6）铸造。铸造是指将熔化的金属液浇注到预先制作的铸型型腔中，待其冷却凝固后获得零件毛坯的加工方法。铸造是获得零件毛坯最重要的方法，各种机械的机体、底座、机架、箱体、工作台等主体部件大都采用铸造来完成。

（7）锻压。锻压是利用压力或冲击力使加热后的金属坯料产生塑性变形，从而获得零件毛坯的加工方法。

（8）现代制造技术。现代制造技术包括数控加工技术和特种加工技术。数控加工是指通过数控机床进行零件生产加工。数控机床是随着数字控制技术的发展而产生的，是通过数字程序进行控制的机床。特种加工是指直接利用电能、声能、光能和化学能等能量形式对工件进行加工的各种工艺方法，常见的有线切割、激光、超声波等。

1.1.2　金工实习的目的

金工实习的目的可以概括为学习工艺知识，增强实践能力，体验工程文化，提高综合素质，培养创新意识和创新能力。学习工艺知识是金工实习最直接的目的，就是以实习教学的方式对学生传授关于机械制造生产的基本知识和进行相关生产操作的基本训练。但从更完整的意义上来看，金工实习不仅包括学习机械制造方面的各种加工工艺技术，而且还提供了生产管理和环境保护等方面的综合工程背景。由于大多数工科专业的同学在进入大学之前，较少接触制造工程环境，缺乏对工业生产实际的了解，因此，他们在金工实习过程中，通过参加工程实践训练，可以弥补过去在实践知识上的不足，增强在大学学习阶段和今后的工作中所需要的动手能力、在实践中获取知识的能力以及运用所学知识和技能分析与解决技术问题的能力；另外，通过在生产劳动中接触工人、工程技术人员和生产管理人员，受到工程实际环境和文化的熏陶，能初步树立工程意识，体会“精益求精、追求卓越和敬业爱岗”的工匠精神，增强劳动观念、团队协作观念和组织纪律性，提高综合素质。

由于金工实习是同学们第一次全身心投入的生产技术实践活动，在这个过程中，经常会遇到新鲜事物，时常会产生新奇的想法，因此应该善于把这些新鲜感与好奇心转变为提出问题和解决问题的动力，培育创新意识；从解决问题的实际过程中感悟出学习、创造的方法，从而培养创新能力。例如，在实习操作或扩展阅读学习中，对某种加工方法的新、旧工艺加以比较，思考新工艺相对于传统工艺的创新点以及创新从理念到实现的技术路径；在某些工种实习（特别是新工艺如消失模铸造、数控加工、3D 打印等实习）的过程中有针对性地安排创新训练环节，让学生对加工过程提出一些新设想或新方案，并通过实践来加以检验。总之，实践是创新的唯一源泉，只要善于在实践中发现问题，勤奋钻研，就能够使自己的创新意识和创新能力不断得到发展。

拓展阅读

金工实习的四个目标

金工实习的四个目标如下。

（1）使学生了解机械制造常用工程材料的种类、牌号、性能、特性和用途。

（2）使学生建立金属加工工艺过程的整体概念，获得零件制造的基础知识，完成生产制造中钳工、车削、铣削、磨削、焊接、铸造、锻压及现代制造各工种的基本操作训练。

（3）通过实际操作，对学生进行金属加工方法、操作技能的训练，培养学生的动手能力，改变学生的“智能”结构。

（4）培养学生热爱劳动、一丝不苟的工作作风，使学生树立遵守制度、厉行节约和安全文明生产的观念。

1.2 金工实习的注意事项和操作规程

在金工实习中，安全和精确的操作至关重要。本节将介绍金工实习的注意事项和操作规程，以确保学生在实习过程中能够安全、高效地完成各项任务。

1.2.1 金工实习的注意事项

进行金工实习时，需要注意以下事项。

（1）实习前必须按时参加实习动员大会，明确金工实习的目的，了解实习内容、时间安排和纪律要求，接受必要的安全教育。对未到会者，不论何种原因，均需补上这一环节，否则不得参加金工实习。

（2）不能携带任何与实习无关的物品进入实习场地，不能在实习场地抽烟、吃零食、随地吐痰及高声喧哗，严禁嬉戏打闹以及违法乱纪行为。

（3）实习时，必须严格按照要求穿戴好工作服装，扣好扣子。女生长发要扎紧、盘起并戴好工作帽。禁止穿凉鞋、拖鞋参加实习。

（4）必须服从指导教师的管理，严格按照工种、岗位、设备、工具和材料进行实习，不得在工区之间和工位之间乱窜，严禁乱拿材料、乱动场地内其他设备。

（5）严格按照各工种操作规程进行操作，不了解的设备功能和不会使用的开关、手柄、旋钮、按钮等，必须经指导教师同意并指导后，方能操作。

（6）如操作过程中出现意外情况，应立即切断电源，保护好现场，并及时报告指导教师。

（7）要爱护实习设备、工作服装，妥善使用工具、量具等，珍惜实习材料，节约水、电。

（8）实习结束后要关闭电源，收拾好所使用工具，认真打扫卫生，关闭门窗，并经指导教师检查合格后方可离开实训场所。

（9）严格遵守金工实习中心各工种安全操作规程。

金工实习各工种的操作规程

1.2.2　金工实习各工种的操作规程

1. 钳工安全操作规程

（1）工作前先检查工作场地及工具是否安全，若有不安全之处及损坏现象，应及时清理和修理，并安放妥当。

（2）使用錾子，首先应将刃部磨锋，尾部毛头磨掉，錾切时严禁錾口对人，并注意铁屑飞溅方向，以免伤人；使用榔头时首先要检查把柄是否松脱，并擦净油污。握榔头的手不戴手套。

（3）使用锉刀必须带锉刀柄，操作中除锉圆面外，锉刀不得上下摆动，应重推，轻拉回，保持水平运动；锉刀不得沾油，存放时不得互相叠放。

（4）使用扳手拧螺帽时，扳手与螺帽应配套，同时应防止扳手滑脱伤人；不得将扳手当榔头使用。

（5）使用电钻前，应检查是否漏电（如有漏电现象应交电工处理）；工件要放稳，人要站稳，手要握紧，两手用力要均衡，掌握好方向，保持钻杆与被钻工件面垂直。

（6）使用虎钳时，应根据工件精度要求加放钳口铜，不允许在钳口上猛力敲打工件；扳紧虎钳时，用力应适当，不能使用加力杆；虎钳使用完毕，须将虎钳清扫干净，并将钳口松开。

（7）使用卡钳测量时，卡钳一定要与被测工件的表面垂直或平行。

（8）使用游标卡尺、千分尺等精密量具测量时，均应轻而平稳，不可在毛坯等粗糙表面上测量，不可测量正在发热的工件，以免卡脚摩擦损坏。

（9）使用千分表时，应将表固定在表座或表架上，以免倾斜和摆动。

（10）使用水平仪时，要轻拿轻放，不要碰击，接触面未擦净前，不能将水平仪摆上。

2. 车削安全操作规程

(1)工作前按规定穿戴好防护用品，扎好袖口，不能围围巾，女工应戴好工作帽。高速切削或切削铸铁、铝、铜工件时，必须戴防护眼镜。接触旋转关键及旋转部位时，不得戴手套作业，在夹装工件过程中允许戴手套作业。

(2)操作者应熟悉所操作机床的工作原理、结构和性能，并经指导教师示范指导后，方可操作。

(3)检查机床的防护、保险、信号装置、机械传动部分。电器部分要有可靠的防护装置，检查其是否齐全有效。严禁超规格、超负荷、超转速、超温度使用机床。

(4)工件、夹具和刀具必须装夹牢固。

(5)开动机床前，检查各手柄位置是否正确。按润滑表加注润滑油，并要观察周围动态。开动机床后，要站在安全位置上，以避开机床运动部位和切屑。

(6)机床开动后，应低速运转 3 ~ 5 分钟，确认各部位正常后方可工作；冬季操作车床时一定要预热并检查管线是否冻裂；不得在运转部位传递或取拿物品。

(7)调整机床转速、行程，装夹工件和刀具，以及测量工件、擦拭机床时，要等机床停稳后才能进行。

(8)机床导轨面上、工作台上禁止摆放工具或其他物品。

(9)不得用手直接清除铁屑，要用专门工具清扫，如刷子或钩子。

(10)凡两人或两人以上在同一台机床工作时，必须指定一人为机长，统一指挥，防止事故发生。

(11)机床发生异常时，如异响、冒烟、震动、有异味等，应立即停车，并报告指导教师处理。

(12)不得在机床运转时离开岗位，确因需要离岗时，必须停车，切断电源。

(13)应正确使用量具、工具，严格执行通用工具技术安全操作规程。

(14)卡盘扳手、刀架及螺丝配合应合适，不得在扳手口上加垫使用，在扳手上加套管使用后，应立即取下。

(15)使用的各种胎具、卡盘、量具不得随意乱放，用完后要放在工具箱内，经常使用的要放在专用的木箱上。

(16)使用完划针盘后，应将划针竖直，头部朝下，放在适当位置。

(17)卡紧工件找正时，不得使劲敲击，以免震坏床头，或卡盘松动而使工件掉下造成事故。

(18)车刀必须牢固卡在刀架上，刀头不得伸出过长。刀垫要整齐，不得以锯条、破布、棉纱等作为垫用材料。

（19）车孔时，不得用锉刀倒角。严禁工件转动时将手伸进孔内摸刀或工件。不得将头部靠近转动的卡盘或胎具观察孔内的切削情况。

（20）机床在运转时，严禁用手拿着板牙、丝锥造扣，必须使用专用的夹具。

（21）机车转动过程中用锉刀进行打磨时，锉刀必须安装把柄。操作者两腿要前后站立，用力均匀。

（22）车床高速旋转时，严禁用倒车挡刹车，更不得用手制止卡盘旋转。

（23）加工偏心工件时，必须加平衡块，紧固牢靠；刹车不要过猛，转速不能过快。

（24）加工大料时应留有足够余量，卸下后砸断。小料切断时不得用手去接。

（25）加工细长料时，要用顶针、跟刀架或中心架。工件从主轴内孔向后伸出的长度超过 300 mm 的应由托架支撑，必要时设防护栏杆。

（26）工作结束后，应先退刀，再停止机床运转，将使用的各种工具有序地放在工具箱内，将毛坯、半成品、成品分别堆放整齐。

3. 铣削安全操作规程

（1）工作前要检查机床各系统是否安全好用，各手轮摇把的位置是否正确，快速进刀有无障碍，各限位开关是否能起到安全保护的作用。

（2）每次开车及开动各移动部位时，要注意刀具及各手柄是否在需要位置上。扳快速移动手柄时，要先轻轻开动一下，看移动部位和方向是否相符。严禁突然开动快速移动手柄。

（3）安装刀杆、支架、垫圈、分度头、虎钳等，接触面均应擦干净。

（4）机床开动前，检查刀具是否装牢，工件是否牢固；压板必须平稳，支撑压板的垫铁不宜过高或块数过多，刀杆垫圈不能做其他垫用，使用前要检查平行度。

（5）在机床上上下工件、刀具，进行紧固、调整、变速及测量工件等工作时必须停车；更换刀杆、刀盘、立铣头、铣刀时，均应停车。

（6）机床开动时，不得量尺寸、对样板，或用手摸加工面；加工时不得将头贴近加工表面观察吃刀情况；取卸工件时，必须移动刀具后进行。

（7）拆装立铣刀时，台面须垫木板，禁止用手托刀盘。

（8）装平铣刀，使用扳手拧螺母时，要注意选用开口适当的扳手，用力不可过猛，防止滑倒。

（9）对刀时必须慢速进刀，刀接近工件时，需要手摇进刀，不得快速进刀；正在走刀时，不得停车。铣深槽时要停车退刀。快速进刀时，注意手柄伤人。万能铣垂直进刀时，工件装卡要与工作台有一定的距离。

（10）吃刀不能过猛，自动走刀必须拉脱工作台上的手轮；不得突然改变进刀速度。

（11）进行顺铣时一定要去掉丝杠与螺母之间的间隙，防止打坏铣刀。

（12）开快速时，必须使手轮与转轴脱开，防止手轮转动伤人，高速铣削时，要防止铁屑伤人，不得急刹车，防止将轴切断。

（13）铣床的纵向、横向、垂直移动，应与操作手柄指的方向一致，否则不能工作。铣床工作时，纵向、横向、垂直的自动走刀只能选择一个方向，不能随意拆下各方向的安全挡板。

（14）工作结束时，关闭各开关，把机床各手柄扳回空位，擦拭机床，注入润滑油，维护机床清洁。

4. 磨削安全操作规程

（1）工作时要穿工作服或紧身衣服，戴工作帽。

（2）必须正确安装和紧固砂轮，更换砂轮时，要用声响检查法检查砂轮是否有裂纹，并校验砂轮的圆周速度是否合适。切记要平稳，不能超过砂轮的允许速度运转。砂轮安装完后，要按规定尺寸安装防护罩。

（3）磨削前，检查砂轮是否松动，有无裂纹；防护罩是否牢固、可靠；工件装夹是否正确、牢靠。若有问题，则不能开机。

（4）研磨或修整砂轮时要戴防护镜。用金刚石修砂轮时，要用固定架将金刚石衔住，不得用手拿着修整。

（5）开机前应先进行修调，使砂轮和工件之间留有适当的间隙，进给前要选择合理的进刀量，要缓慢进给，以防砂轮破裂飞出。

（6）测量、装卸、调整工件时，砂轮要退到安全位置，以防磨手。

（7）砂轮未退离工件时，不得停止砂轮转动。

（8）干式磨削工件不得中途加切削液；停加湿式磨削切削液时应立即停止磨削，工作完毕应将砂轮空转 3 ～ 5 分钟，将砂轮上的切削液甩掉。

5. 焊接安全操作规程

（1）焊接场地禁止放置易燃易爆物品，应配备消防器材，保证足够的照明和良好的通风。

（2）在操作场地 10 米内，不应储存油类或其他易燃易爆物品（如有易燃易爆气体产生的器皿和管线）。临时工地若有此类物品，而又必须在此作业时，应报消防部门和技安部门审批，并在有现场监护的情况下，采取临时性安全措施后方可进行操作。

（3）工作前必须穿戴好防护用品，操作时所有工作人员必须戴好防护镜或面罩，仰面焊接时应扣紧衣领，扎紧袖口，戴好防火帽。

（4）在缺氧危险作业场所及有易燃、易爆、挥发性气体的环境中作业时，设备、容器应事先进行置换、通风，并经检测合格。

（5）焊接压力容器、密封容器、爆料容器、管道时，必须事先泄压、敞开，置换清洗掉有害物质后再施焊。潮湿环境，容器内作业时还应采取相应电气隔离或绝缘等措施，并设人监护。

（6）在焊接、切割密闭空心工件时，必须留有出气孔。在容器内焊接，外面必须设人监护，并有良好通风措施，照明电压应采用 12 V。禁止在已做油漆或喷涂过塑料的容器内焊接。

（7）电焊机接零（地）线及电焊工作回路不得搭在易燃、易爆的物品上，也不得接在管道和机床设备上。工作回路线应绝缘良好，机壳接地必须符合安全规定。一次回路应独立或隔离。

（8）电焊机的屏护装置必须完好（包括一次侧、二次侧接线），电焊钳把与导线连接处不得裸露。二次侧接头应牢固，焊接回路线接头不宜超过三个。

（9）下雨天不得露天电焊，在潮湿地带工作时，应站在铺有绝缘物品的地方并穿好绝缘鞋。

（10）使用移动式电焊机从电力网上接线或拆线，以及进行接地、更换熔丝等工作时，均由电工进行。

（11）推闸刀开关时要一次推足，然后开启电焊机；停机时，要先关闭电焊机，再拉断电源开关。

（12）移动电焊机位置时，须先停机断电；焊接中突然停电，应立即关好电焊机。注意焊接电缆接头移动后应进行检查，以保证牢固可靠。

（13）焊接有色金属器件时，应加强通风排毒，必要时应使用过滤式防毒面具。修理机械设备时，应将其保护零（地）线暂时拆开，焊完后再行连接。

（14）焊机启动后，焊工的手和身体不应随便接触二次回路导体，如焊钳或焊枪的带电部位、工作台、所焊工件等。在任何情况下，都不得使操作者自身成为焊接回路的一部分。

（15）换焊条时应戴好手套，身体不要靠在铁板或其他导电物件上。敲渣子时应戴上防护眼镜。

（16）工作场地必须设置灭火器材。工作完毕后，先切断设备控制电源，最后切断总电源及关闭气源开关和水源，清扫工作场地。

6. 铸造安全操作规程

（1）操作时，穿戴好防护用品，禁止袒胸露臂或赤脚。

（2）设有通风设备的场所，工作前应开启通风设备。

（3）工作场所应保持整洁，砂箱、模型、工具等不得随意堆放，保持通道畅通无阻。

（4）废料、垃圾应倒在指定地点，并定期清除，使用的信号灯电压不得超过 36 V。

（5）使用设备或吊车时，应遵守其安全技术操作规程。

（6）工作前必须整理好工作场地，并检查所用工具（如砂箱、螺丝、底板等）是否良好，如发现裂纹、损坏，须修整再使用。

（7）砂箱垒放要整齐稳固，不得过高，大箱在下，小箱在上。

（8）吊起的砂型下面严禁站人，确需在下面工作时必须用架子支撑牢固。不得站在吊起的砂型上找平衡。

（9）翻转砂箱时砂箱必须吊平且周围无障碍，无关人员必须远离，操作者也不能靠近砂箱。翻转大砂箱时必须使用支架。

（10）往模板上放砂箱时，不得用手抬扶砂箱下面。扣箱时要吊平吊稳，抬扶时要站在砂箱的两侧。

（11）用压缩空气吹砂型或泥型的砂子时，压力不得超过 8 kg/cm^2。

（12）砂型要摆放整齐，留出一定的通道，便于浇铸。浇铸位置一定要在同一方向并留印记。

（13）大砂型或底坑造型，周围和底部要留通气道，以使型内气体在浇铸时能顺利排出。

（14）翻箱、扣箱时要有专人指挥。

（15）合箱后抹好箱缝，按要求压好箱，或用螺丝拧紧。同时防止箱口毛刺伤人，检查浇冒口有无砂子，气孔是否畅通。

（16）下班前将工作场地的铁屑等杂物清理干净。

7. 锻压安全操作规程

（1）开机前应检查电气装置是否正常，螺丝是否松动，加油检查加紧部分、旋转部分，并开空车试运转，以检查其使用状态。按锻件尺寸选择合适的钳口，换钳口时人不得站在夹钳之间。

（2）工作前应先检查手柄是否在空挡位置，在操作机运行范围内不得站任何人和堆放物件，操作时思想要高度集中。

（3）严禁超负荷使用操作机，当夹紧力不足、锻件夹持不牢时，应立即通知击锤工停止锻打。操作机夹料时，料在钳口中的深度，应超过钳口长度的三分之二。

（4）工作完毕，关闭电源，清扫设备、场地，司机应将设备运转状况写入交班记录簿。

拓展阅读

金工实习需要了解的几个要点

金工实习涉及金属加工和工艺方面的实际操作与技能培养。以下是金工实习时需要了解的几个要点。

1. 安全规定

（1）了解并遵守工作场所的安全规定，包括佩戴个人防护设备如安全帽、手套、护目镜等。

（2）熟悉紧急情况下的应急程序和设备。

2. 机床操作

（1）学习使用各种金属加工机床，如车床、铣床、冲床等。

（2）理解和掌握机床的基本操作、调整和维护方法。

3. 测量与质量控制

（1）学习使用测量工具，如千分尺、游标卡尺等，进行精确测量。

（2）理解和遵循质量控制标准，确保加工零件符合规范。

4. 材料认识

（1）了解不同金属材料的特性、硬度、熔点等基本信息。

（2）学习选择合适的材料，并理解其在不同工艺中的应用。

5. 蓝图阅读

（1）掌握蓝图阅读技能，理解零件图、装配图等工程图纸。

（2）能够根据图纸进行准确的加工和装配工作。

6. 加工工艺

（1）学习不同的金属加工工艺，如切削、冲压、焊接等。

（2）熟悉并掌握各种工艺的步骤和注意事项。

7. 团队合作

（1）在实习中，可能需要与团队成员协作，确保项目顺利完成。

（2）学习有效的沟通和协作技巧。

8. 问题解决能力

培养学生在实际操作中解决问题的能力，包括机床故障、材料选择问题等。

9. 实习报告和总结

撰写实习报告，总结实习经验，包括所学到的技能、遇到的问题以及解决方法。

1.3 金工实习常用工程材料

材料使用的能力和水平标志着人类的文明和进步程度。公元4000多年以前，人类就掌握了青铜的铸、锻技术。青铜是铜锡合金，如果锡的比例较高，青铜的硬度就高，适合制造兵器和工具；反之硬度就低，适合制造容器。当人们在冶炼青铜的基础上逐渐掌握了冶炼铁的技术之后，铁器时代就到来了。

在当今社会，能源、信息和材料已成为现代化技术的三大支柱，而能源和信息的发展又依托于材料。

1.3.1 材料的种类

材料的种类繁多，用途广泛，分类的方法也很多：按材料的用途可分为建筑材料、电工材料、结构材料等，按材料的结晶状态可分为单晶体材料、多晶体材料和非晶体材料，按材料的物理性能及物理效应可分为半导体材料、磁性材料、激光材料、热电材料、光电材料等。

在工程上通常按材料的化学成分、结合键的特点将工程材料分为金属材料、无机非金属材料、高分子材料和复合材料。

1.3.2 常用金属材料

金属材料是以过渡性金属为基础的纯金属和含有金属、半金属或非金属的合金。由于金属材料具有良好的力学性能（如较高的强度、刚度、塑性、韧性）、物理性能（导电、导热性等）、化学性能及工艺性能，能采用比较简便和经济的加工方法制成零件（但在特高温及特殊介质中不能使用），因此大量用作结构材料和功能材料，是目前应用最广泛的材料。

1. 碳素钢

碳素钢是指碳的质量分数 $w_C < 2.11\%$，并有少量硅、锰以及磷、硫等杂质的铁碳合金。工业上应用的碳素钢碳的质量分数一般不超过1.4%。这是因为碳的质量分数超过此量后，表现出很大的硬脆性，并且加工困难，失去生产和使用价值。常见的碳素钢制品如图1-1所示。

图1-1 常见的碳素钢制品

碳素钢的分类方法主要有下列几种。

（1）按含碳量分：低碳钢（$w_C \leqslant 0.2\%$）、中碳钢（$0.25\% \leqslant w_C \leqslant 0.60\%$）、高碳钢（$w_C > 0.60\%$）。

（2）按质量分：普通碳素钢（$w_S \leqslant 0.050\%$，$w_P \leqslant 0.045\%$）、优质碳素钢（$w_S \leqslant 0.035\%$，$w_P \leqslant 0.035\%$）、高级优质碳素钢（$w_S \leqslant 0.030\%$，$w_P \leqslant 0.030\%$）、特级优质碳素钢（$w_S \leqslant 0.020\%$，$w_P \leqslant 0.025\%$）。

（3）按用途分：碳素结构钢、碳素工具钢。

（4）按冶炼方法分：平炉钢、转炉钢（氧气转炉、空气转炉）和电炉钢。

（5）按钢的脱氧程度分：沸腾钢（钢号后标“F”）、镇静钢（用“Z”表示，可不标出）、半镇静钢（钢号后标“b”）、特殊镇静钢（代号为“TZ”，可不标出）。

典型碳素钢的牌号、主要性能及用途见表 1-1。

表 1-1　典型碳素钢的牌号、主要性能及用途

序号	分类	典型钢号	典型钢号说明	用途
1	碳素结构钢	Q235	沸腾钢，质量为 A 级，屈服强度为 235 MPa	主要用于制作焊接件、紧固件、轴、支座等
2	优质碳素结构钢	45	平均碳的质量分数为 0.45 %	低碳钢强度低，塑性好，可制作容器、冲压件等；中碳钢强度高，塑性适中，可用于制作调质件；如轴、套等；高碳钢强度高，塑性差，弹性差；可制作弹性零件及耐磨件，如弹簧、轧辊等
		65Mn	Mn 的含量较高，平均碳的质量分数为 0.65 %	
3	碳素工具钢	T8	平均碳的质量分数为 0.8 %	根据质量分数不同，分别用于制作冲模、量规或锉刀、刮刀及手用工具等

2. 合金钢

合金钢就是在碳素钢的基础上加入其他元素的钢，加入的其他元素称为合金元素。常用的合金元素有硅（Si）、锰（Mn）、铬（Cr）、镍（Ni）、钨（W）、钼（Mo）、钒（V）、钛（Ti）、铝（Al）、硼（B）及稀土元素（RE）等。合金元素通过与钢中的铁和碳发生作用、合金元素之间的相互作用，影响钢的组织和组织转变过程，从而提高钢的力学性能，改善钢的热处理工艺性能或获得某些特殊性能。合金钢常用来制造重要的机械零件、工程结构件以及一些在特殊条件下工作的零件。

（1）合金钢的分类

① 合金钢按化学成分分类。

按合金元素含量的不同，合金钢分为低合金钢（合金元素质量分数小于 5%）、中合金钢（合金元素质量分数小于 5%～10%）和高合金钢（合金元素质量分数大于 10%）三类。

② 合金钢按用途分类。

● 合金结构钢。合金结构钢分为两类：一类为机器零件用钢；另一类为建筑及工程结构用钢。

● 合金工具钢。合金工具钢通常分为刀具钢、模具钢、量具钢三类。

● 特殊性能钢。特殊性能钢是具有特殊物理、化学和力学性能的钢，分为磁钢、不锈钢、耐热钢、耐磨钢等。

（2）合金钢的牌号

我国合金钢的编号是根据钢中碳的质量分数及所含合金元素的种类（元素符号）和其质量分数来表示的。一般牌号的首部是表示其平均碳的质量分数的数字，数字含义与优质碳素结构钢是一致的。从牌号上可以直接识别出钢的化学成分、钢种类及用途。

合金钢的牌号编制规则如下。

① 合金结构钢的牌号。合金结构钢的牌号采用“数字＋化学元素＋数字”的方法编制。前面的数字表示钢的平均含碳量，以平均万分数表示碳的质量分数，例如平均碳的质量分数为 0.25%则以 25 表示。合金元素直接用化学符号表示，后面的数字表示合金元素的含量，以平均百分数表示合金元素的质量分数，合金元素的平均质量分数少于 1.5%时，牌号中只标明元素，不标明含量；当合金元素质量分数为 1.50%～2.49%，2.50%～3.49%，3.50%～4.49%，4.50%～5.49%，…时，相应地以 2，3，4，5，…来表示。例如，含有 0.37%～0.44% C、0.8%～1.1% Cr 的铬钢，以 40Cr 表示。含有 0.56%～0.64% C、1.5%～2.0% Si、0.6%～0.9% Mn 的硅锰钢以 60Si2Mn 表示。

另外，对于有些合金结构钢，为表示其用途，在钢号前面再附以字母。如滚动轴承钢在钢号前加以“滚”字的汉语拼音字首“G”，后面的数字表示 Cr 的质量分数，以平均质量分数的千分之几表示，如 GCr9（滚铬 9）、GCr15（滚铬 15）等。

② 合金工具钢的牌号。平均碳的质量分数大于或等于 1.0%时不标出，小于 1.0%时以千分之几表示，但高速工具钢平均碳的质量分数小于 1.0%也不标出。合金元素质量分数的表示方法与合金结构钢相同。例如，9SiCr 表示 C 的平均质量分数为 0.9%，Si、Cr 平均质量分数小于 1.5%的低合金工具钢。

③ 特殊性能合金钢的牌号。12Cr13 表示碳的质量分数不超过 0.15%，铬的平均质量分数为 11.50%～13.50%的耐热钢。但有些特殊性能合金钢，只表示其主要合金的含量，碳的质量分数不标出，如 Mn13 只表示其 Mn 的平均质量分数约为 13%，碳的质量分数在牌号上不予表示。

3. 铸铁

铸铁是以 Fe、C、Si 为基础的复杂的多元合金。铸铁的 $w_C = 2.0\%\sim4.0\%$，除 C 和 Si 之外，还含有 Mn、P、S 等元素。从化学成分看，铸铁与钢的主要区别在于铸铁比钢含有较高的碳和 Si，并且硫、磷杂质含量较高。常用铸铁的化学成分范围是：$w_C = 2.5\%\sim4.0\%$，$w_{Si} = 1.0\%\sim3.0\%$，$w_{Mn} = 0.4\%\sim1.4\%$，$w_P = 0.1\%\sim0.5\%$，

$w_S = 0.02\% \sim 0.20\%$。为了提高铸铁的力学性能或获得某种特殊性能，可加入 Cr、Mo、V、Cu、Al 等合金元素，从而形成合金铸铁。铸铁可分为白口铸铁、灰铸铁、可锻铸铁、球墨铸铁、蠕墨铸铁、麻口铸铁。

① 白口铸铁。白口铸铁是组织中完全没有或几乎没有石墨的一种铁碳合金，其断口呈白亮色，硬而脆，不能进行切削加工，很少在工业上直接用来制作机械零件。由于白口铸铁具有很高的表面硬度和耐磨性，因此又称为激冷铸铁或硬铸铁。

② 灰铸铁。这种铸铁中的碳大部分或全部以自由状态的片状石墨形式存在，其断口呈暗灰色，具有力学性能和良好的可加工性，普遍应用于工业生产中。

③ 可锻铸铁。白口铸铁通过石墨化或氧化脱碳退火处理，改变金相组织或化学成分而获得的有较高韧性的铸铁，称为可锻铸铁。

④ 球墨铸铁。铁液经球化处理而不是在凝固后经过热处理，使石墨大部分或全部呈球状，有时少量团絮状的铸铁，称为球墨铸铁。

⑤ 蠕墨铸铁。蠕墨铸铁指的是金相组织中石墨形态主要为蠕虫状的铸铁。

⑥ 麻口铸铁。麻口铸铁是介于白口铸铁和灰铸铁之间的一种铸铁，断口呈灰白相间的麻点状，性能差，应用极少。

4. 有色金属及其合金

有色金属是除钢铁材料以外的其他金属材料的总称，如铝、镁、铜、锌、锡、铅、镍、钛、金、银、铂、钒、钼等金属及其合金就属于有色金属材料。

有色金属材料种类较多，冶炼比较难，成本较高，故其产量和使用量（只占金属材料的 5%）远不如钢铁材料。但是由于有色金属材料具有钢铁材料所不具备的某些物理性能和化学性能，如良好的导热性、导电性以及优异的化学稳定性和高比强度等，因而在机械工程中占有重要的地位，是现代工业中不可缺少的重要金属材料，广泛应用于机械制造、航空、航海、汽车、石化、电力、电器、核能及计算机等行业。常用的有色金属包括铝及铝合金、铜及铜合金、钛及钛合金、镁及镁合金、滑动轴承合金等。

（1）铝及铝合金

① 纯铝。纯铝是银白色金属，主要性能特点是密度小，导电性和导热性高，耐大气腐蚀性能好，塑性好，无铁磁性。因此其适宜制造要求导电的电线、电缆，以及导热和耐大气腐蚀而对强度要求不高的某些制品。

② 铝合金。在纯铝中加入 Cu、Mg、Si 等合金元素后所组成的铝合金，不仅基本保持了纯铝的优点，还可明显提高其强度和硬度，使其应用领域显著扩大。目前，铝合金广泛应用于普通机械、电气设备、航空航天器、运输车辆和装饰装修。铝合金分为变形铝合金及铸造铝合金两种。

③ 变形铝合金。变形铝合金能够进行压力加工，并可加工成各种形态、规格的铝合金型材（如板、带、箔、管、线、型及锻件等），主要用于制造航空器材、人造地球卫星、交通车辆材料、舰船用材、各种建筑装饰材料和空间探测器的主要结构材料等。根据能否进行热处理强化来分类，变形铝合金可分为热处理不能强化变形铝合金和热处理能强化变形铝合金两大类。其中，热处理不能强化变形铝合金不能通过热处理来提高其力学性能，只能通过冷变形加工来实现强化；热处理能强化变形铝合金可以通过淬火和时效等热处理手段来提高其力学性能，它主要包括硬铝、超硬铝、锻铝等。部分变形铝合金的牌号、主要特性及应用见表 1-2。

表 1-2　部分变形铝合金的牌号、主要特性及应用

类别	牌号	主要特征	用途举例
防锈铝	5 A02	热处理不能强化，强度不高，塑性与耐腐蚀性好，焊接性好	用于制作在液体介质中工作的零件，如油箱、油管、液体容器、防锈蒙皮等，中等载荷零件和焊接件
	3 A21		
硬铝	2 A11	可热处理强化，力学性能良好，但耐蚀性不高	用于制作中高强度的零件和构件，如飞机骨架、螺旋桨叶片、蒙皮、螺栓和铆钉局部墩粗零件
	2 A12		
超硬铝	7 A04	室温强度高，塑性较低，耐蚀性不高	用于制作高载荷零件，如飞机上的大梁、桁条、加强框、起落架等
	7 A09		
锻铝	2 A50	高强度锻铝，锻造性能好，耐蚀性不高，切削性能好	用于制作形状复杂和中等强度的锻件、冲压件等
	2 A70	耐热锻铝，热强性较高，耐蚀性不高，压力加工性好	用于制作内燃机活塞、叶轮、胀圈、叶片，高温下工作的复杂锻件

④ 铸造铝合金。铸造铝合金是指可采用铸造成形方法直接获得铸件的铝合金。铸造铝合金与变形铝合金相比，一般含有较高的合金元素，具有良好的铸造性能，但塑性与韧性较低，不能进行压力加工。铸造铝合金按其所加合金元素的不同，可分为 Al-Si 系合金、Al-Cu 系合金、Al-Mg 系合金、A1-Zn 系合金等。

铸造铝合金牌号由铝和主要合金元素的化学符号，以及表示主要合金元素质量百分含量的数字组成，并在其牌号前面冠以“铸”字的汉语拼音字母的字首“Z”。例如，ZAlSi12 表示 $w_{Si}=12\%$，$w_{Al}=88\%$的铸造铝合金。部分铸造铝合金的牌号、主要特性及应用见表 1-3。

表 1-3　部分铸造铝合金的牌号、主要特性及应用

类别	牌号	主要特征	用途举例
铝硅合金	ZAlSi2	铸造性能好，耐磨性好，热胀系数小，强度中等	用于制作结构件，如壳体、缸体、箱体和框架等
	ZAlSi7Mg ZAlSi7Cu4	良好的铸造性能、力学性能和耐热性	用于制作活塞机高温条件下工作的部件
铝铜合金	ZAlCu5Mn	耐热性好，热强性高，但铸造性能和耐蚀性较差	用于制作高强度或高温条件下工作的零件，如内燃机气缸、活塞、支臂等
铝镁合金	ZAlMg10	密度最小，强度高，耐蚀性能好，良好的综合力学性能和可切削性	用于制作在腐蚀介质条件下工作的铸件，如氨用泵体、泵盖及螺旋桨等
铝锌合金	ZAlZn11Si7	铸造性能好，力学性能较高，价格低	用于制作医疗器械、仪表零件、飞机零件和日用品等

（2）铜及铜合金

铜及铜合金钢以及铜合金的应用范围仅次于钢铁，其具有优良的导电性和导热性，以及很好的冷、热加工性能和良好的耐蚀性；铜的强度不高，硬度较低，铜及铜合金一般分为纯铜、黄铜、青铜和白铜。广泛用于电力、电子、仪表、机械、化工、海洋工程、交通、建筑等各种工业技术部门。

① 纯铜。纯铜呈玫瑰红色，表面氧化膜是紫色，因此又称为紫铜。纯铜的密度为 8.9 g/cm^3，熔点为 1 083 ℃，纯度为 99.5%～99.95%，具有良好的导热性和导电性，其电导率仅次于银而位居第二位，广泛用作导电材料及配制铜合金的原料。

根据铜中杂质含量及提炼方法不同，纯铜分为工业纯铜、无氧铜和磷脱氧铜。

② 铜合金。根据化学成分不同，铜合金分为黄铜、青铜和白铜三类。根据生产方法的不同，铜合金还可以分为加工铜合金和铸造铜合金。

③ 黄铜。黄铜是指以铜为基体金属，以锌为主加元素的铜合金。黄铜包括普通黄铜和特殊黄铜。黄铜是由铜和锌组成的铜合金；在普通黄铜中再加入其他元素所形成的铜合金称为特殊黄铜，如铅黄铜、锰黄铜、铝黄铜、镍黄铜、铁黄铜、锡黄铜、加砷黄铜、硅黄铜等。根据生产方法的不同，黄铜又可分为加工黄铜与铸造黄铜两类。

④ 白铜。白铜是指以铜为基体金属，以镍为主加元素的铜合金。白铜包括普通白铜和特殊白铜。白铜是由铜和镍组成的铜合金；在普通白铜中再加入其他元素所形成的铜合金称为特殊白铜，如锌白铜、锰白铜、铁白铜、铝白铜等。根据生产方法的不同，白铜又可分为加工白铜和铸造白铜两类。

⑤ 青铜。青铜是指除黄铜和白铜以外的铜合金。例如，以锡为合金元素的青铜称为锡青铜，以铝为主要合金元素的青铜称为铝青铜，此外，还有铍青铜、硅青铜、锰青铜等。

与黄铜、白铜一样，各种青铜中还可加入其他合金元素，以改善其性能。根据生产方法的不同，青铜可分为加工青铜与铸造青铜两类。

（3）钛及钛合金

钛金属在 20 世纪 50 年代才开始投入工业生产和应用，但其发展却非常迅速，广泛应用于航空、航天、化工、造船、机电产品、医疗卫生和国防等部门。由于钛具有密度小、强度高、比强度（抗拉强度除以密度）高、耐高温、耐腐蚀和良好的冷、热加工性能等优点，所以钛金属主要用于制造要求塑性高、有较高强度、耐蚀和可焊接的零件。

① 钛。钛呈银白色，密度为 4.51 g/cm³，熔点为 1 677 ℃，热胀系数小。纯钛塑性好，强度较低（但钛的强度约为纯铝的 6 倍），容易加工成形。加工钛结晶后有同素异构转变现象，钛与氧和氮的亲和力较大，非常容易与氧和氮结合形成一层致密的氧化物和氮化物薄膜，其稳定性高于铝及不锈钢的氧化膜，故在许多介质中钛的耐蚀性比大多数不锈钢更优良，尤其是抗海水的腐蚀能力非常突出。钛既是良好的耐热材料（≤ 500 ℃），又是良好的低温材料（在 -253 ℃仍然具有良好的塑性和韧性）。

② 钛合金。为了提高加工钛合金在室温时的强度和在高温下的耐热性等，常加入铝、锆、钼、钒、锰、铬、铁等合金元素，获得不同类型的钛合金。钛合金按退火后的组织形态可分为 α 型钛合金、β 型钛合金和（α ＋ β）型钛合金。

钛及钛合金是一种很有发展潜力的新型金属材料。我国钛金属的矿产资源丰富，其蕴藏量居于世界各国前列，目前已形成了较完整的钛金属生产工业体系。

③ 滑动轴承合金。滑动轴承合金又称为轴瓦合金，是用于制造滑动轴承的材料。轴承合金的组织是在软相基体上均匀分布着硬相质点，或硬相基体上均匀分布着软相质点。滑动轴承合金应具有以下性能：良好的耐磨性和减摩性；有一定的抗压强度和硬度；有足够的疲劳强度和承载能力；塑性和冲击韧度良好；具有良好的抗咬合性；良好的顺应性；好的镶嵌性；良好的导热性、耐腐蚀性和小的热膨胀系数。滑动轴承如图 1-2 所示。

图 1-2　滑动轴承

1.3.3　常用的热处理方法

热处理是采用适当的方式对金属材料或工件进行加热、保温和冷却，以获得所需要的组织结构和性能的工艺。热处理可以充分发挥材料性能的潜力，提高零件的加工性能和使用性能，减轻工件自重，节约材料，降低成本。

热处理与其他加工方法（如压力加工、铸造、焊接等）不同，它不改变工件的形状和大小，而只改变工件的内部组织和性能。热处理的目的是改善材料的性能，如强度、硬度、塑性、韧性、耐磨性、耐蚀性、加工性能等。对于机械装备制造业来说，各类机床中需要经过热处理的工件占其总质量的 60%～70%；汽车、火车等运输机械设备中需要经过热处理的工件占其总质量的 70%～80%；而轴承、各种工具和模具等几乎 100%需要热处理。因此，热处理在机械装备制造业中占有十分重要的地位。

根据零件热处理的目的、加热方法和冷却方法的不同，热处理工艺可分为整体热处理、表面热处理和化学热处理三类。热处理工艺分类及其名称见表 1-4。

表 1-4　热处理工艺分类及其名称

分类	整体热处理	表面热处理	化学热处理
名称	退火	表面淬火和回火	渗碳
	正火	物理气相沉积	渗氮
	淬火	化学气相沉积	氮碳共渗
	淬火和回火	等离子体增强化学气相沉积	渗其他非金属
	调质	激光辅助化学气相沉积	渗金属
	稳定化处理	离子注入	多元共渗

1. 整体热处理

（1）退火

退火是将工件加热到适当温度，保持一定时间，然后缓慢冷却的热处理工艺。退火的目的是消除钢铁材料的内应力，降低钢铁材料的硬度、提高其塑性，细化钢铁材料的组织，均匀其化学成分，并为最终热处理做好组织准备。

根据钢铁材料化学成分和退火目的不同，退火通常分为完全退火、等温退火、球化退火、去应力退火、均匀化退火等。在机械零件的制造过程中，一般将退火作为预备热处理工序，并安排在铸造、锻造、焊接等工序之后，粗切削加工之前，用来消除前一道工序中所产生的某些缺陷或残余内应力，为后续工序做好组织准备。

（2）正火

正火是指工件加热致奥氏体化后在空气中冷却的热处理工艺。正火的目的是细化晶粒，提高钢材硬度，消除钢材中的网状碳化物（或渗碳体），并为淬火、切削加工等后续工序做好准备。

正火与退火相比，奥氏体化温度比退火高，冷却速度比退火快，奥氏体发生转变的过冷度较大，因此，正火后的钢件得到的组织比较细，其强度和硬度也比退火后的钢件高一些。同时，正火与退火相比具有操作简便、生产周期短、生产效率高、生产成本低的特点。

正火工艺主要应用于以下场合。

① 用于改善钢铁材料的切削加工性能。低碳钢、低碳合金钢一般选择正火作为预备热处理，而对于中碳钢（$w_C > 0.5\%$）、高碳钢（$w_C > 0.6\%$）、合金钢（$w_C > 0.6\%$）等则一般选择退火作为预备热处理。

② 用于消除钢中的网状碳化物，为球化退火做好组织准备。对于过共析钢，正火加热到 Accm 以上时可使网状碳化物充分溶解到奥氏体中，在空气冷却时可以使碳化物来不及析出，这样便消除了钢中的网状碳化物组织，同时也细化了珠光体组织，有利于以后的球化退火和淬火。

③ 用于普通结构零件或某些大型非合金钢工件的最终热处理，代替调质处理，如铁道车辆的车轴就是用正火工艺作为最终热处理的。

④ 用于淬火返修件，消除淬火应力，细化组织，防止工件重新淬火时产生变形与开裂。

（3）淬火

淬火是指工件加热到奥氏体化后以适当的方式获得马氏体或（和）贝氏体组织的热处理工艺。马氏体是碳和合金元素在 α-Fe 中的饱和固溶体，是单相亚稳组织，硬度较高，用符号 M 表示。马氏体的硬度主要取决于马氏体中碳的质量分数。马氏体中融入过多的碳原子，使 α-Fe 晶格发生畸变，提高了其塑性变形抗力，故马氏体中碳的质量分数越高，其硬度也就越高。

淬火的主要目的是使钢铁材料获得马氏体（或贝氏体）组织，提高钢铁材料的硬度和强度，并与回火工艺合理配合，获得需要的使用性能。一些重要的结构件，特别是在动载荷与摩擦力作用下的零件，以及各种类型的重要工具（如刀具、钻头、丝锥、板牙、精密量具等）及重要零件（如销、套、轴、滚动轴承、模具等）要进行淬火处理。

（4）回火

回火是指工件淬硬后，加热到 Acl 以下的某一温度并保温一定时间，然后冷却到室温的热处理工艺。淬火钢的组织主要由马氏体和少量残留奥氏体组成（有时还有未溶碳化物），其中的马氏体和残留奥氏体都是不稳定组织，它们有自发地向稳定组织转变的趋势，如马氏体中过饱和的碳原子要析出、残留奥氏体要分解等，回火就是为了促进这种转变。回火过程是一个由非平衡组织向平衡组织转变的过程，这个过程是依靠原子的迁移和扩散进行的，所以，回火温度越高，原子扩散速度越快；反之，则原子扩散速度越慢。

另外，淬火钢内部存在很大的内应力，脆性大，韧性低，一般不能直接使用，如不及时消除，将会引起工件的变形乃至开裂。回火是在淬火之后进行的，通常也是零件进行热处理的最后一道工序，其目的是消除和减小内应力，稳定组织，调整性能，以获得较好的强度和韧性配合。常见的回火方法及应用见表 1-5。

表 1-5　常见的回火方法及应用

回火方法	加热温度 /℃	力学性能特点	应用范围	硬度 HRC
低温回火	150 ～ 250	高硬度、耐磨性	刃具、量具、冲模等	58 ～ 65
回火	250 ～ 500	高弹性、韧性	弹簧、钢丝绳	35 ～ 50
高温回火	500 ～ 650	良好的综合力学性能	连杆、齿轮及轴类	20 ～ 30

2. 表面热处理

生产中常遇到有些零件（如凸轮、曲轴、齿轮等）在工作时，既承受冲击，表面又承受摩擦，这些零件常用表面热处理，保证“表硬心韧”的使用性能。表面热处理是指仅对工件表层进行热处理以改变其组织和性能的工艺，通常可分为表面淬火和化学热处理两大类。

① 表面淬火

表面淬火是将钢件的表层淬透到一定的深度，而零件中心部分仍保持未淬火状态的一种局部淬火的方法。

表面淬火的目的在于获得高硬度、高耐磨性的表面，而零件中心部分仍然保持原有的良好韧性，常用于机床主轴、齿轮、发动机的曲轴等。目前生产中常用的表面淬火方法有感应淬火和火焰淬火两种。

② 化学热处理

化学热处理是指将金属或合金工件置于一定温度的活性介质中保温，使一种或几种元素渗入它的表层，以改变其化学成分、组织和性能的热处理工艺。其特点是表层不仅有组织改变也有化学成分的改变。按钢件表面渗入的元素不同，化学热处理可分为渗碳、渗氮（氮化）、碳氮共渗、渗硼、渗硅、渗铬等。下面简要介绍渗碳及渗氮两种热处理方法。

③ 渗碳

渗碳指使碳原子渗入钢表面层的过程。可使低碳钢的工件具有高碳钢的表面层，再经过淬火和低温回火，使工件的表面层具有较高的硬度和耐磨性，而工件的中心部分仍然保持低碳钢的韧性和塑性。渗碳工艺广泛应用于飞机、汽车和拖拉机等机械的零件制造，如齿轮、轴、凸轮轴等。

④ 渗氮

在一定温度下使活性氮原子渗入工件表面的化学热处理工艺即为渗氮。其目的是提高表面硬度和耐磨性，并提高疲劳强度和耐蚀性。目前常用的渗氮方法主要有气体渗氮和离子渗氮。

1.4 常用测量技术

金工实习中的测量技术是一项至关重要的技能，它涉及到精确地测量和评估工件的各种尺寸和特性。本节将重点介绍各种测量用具及其使用方法，帮助学生掌握正确的进行测量方法，确保工件的质量和精度。

1.4.1 常用量具

1. 钢直尺

钢直尺是最简单的长度量具，用不锈钢制成，可直接用来测工件长、宽、高等尺寸，如图 1-3 所示。它的测量长度规格有 150 mm、200 mm、300 mm、500 mm 几种。测量工件的外径和内径尺寸时，常与卡钳配合使用。测量精度一般只能达到 0.2 ～ 0.5 mm。

图 1-3 钢直尺

2. 卡钳

卡钳是一种间接度量工具，常与钢直尺配合使用，用来测量工件的外径和内径。卡钳分内卡钳和外卡钳两种，如图 1-4 所示。

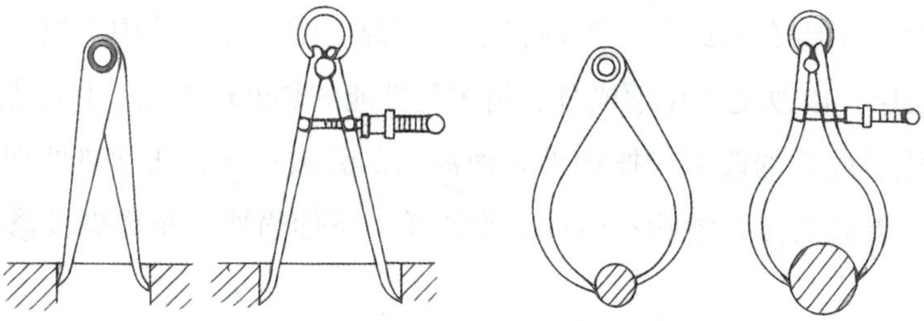

（a）内卡钳　　（b）外卡钳

图 1-4 卡钳

3. 游标卡尺

游标卡尺是一种中等精度的量具，可直接测量工件的外径、内径、长度、宽度和深度等尺寸。按用途不同，游标卡尺可分为普通游标卡尺、游标深度尺、游标高度尺等。游标卡尺的测量精度有 0.1 mm、0.05 mm、0.2 mm 三种，测量范围有 0 ～ 125 mm、0 ～ 150 mm、0 ～ 200 mm、0 ～ 300 mm 等。

图 1-5 为普通游标卡尺，它主要由主尺和游标尺组成，主尺上刻有以 1 mm 为一格间距的刻度，并刻有尺寸数字，其刻度全长即为游标卡尺的规格。

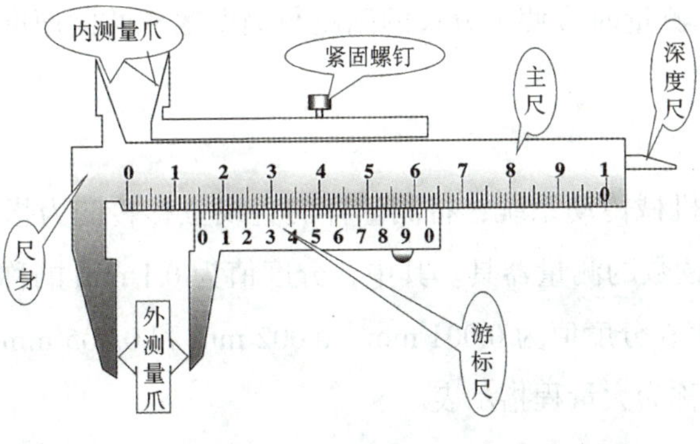

图 1-5　普通游标卡尺

用游标卡尺测量工件，使用时应注意下列事项。

（1）检查零线。使用前应首先检查量具是否在检定周期内，然后擦净卡尺使量爪闭合，检查尺身与游标的零线是否对齐。若未对齐，则在测量后应根据原始误差修正读数值。

（2）放正卡尺。测量内、外圆直径时，尺身应垂直于轴线；测量内、外孔直径时，应使两量爪过轴心处于直径处。

（3）用力适当。测量时应使量爪逐渐与工件被测量表面靠近，最后达到轻微接触，不能把量爪用力抵紧工件，以免变形和磨损，影响测量精度。读数时为防止游标移动，可锁紧游标，且视线应垂直于尺身。

（4）勿测毛坯面。游标卡尺仅用于测量已加工的表面，表面粗糙的毛坯件不能用游标卡尺测量。

4. 千分尺

利用螺旋副原理，对尺架上的两测量面间分隔的距离进行读数的器具，称为千分尺。它们的测量精度比游标卡尺高，并且测量比较灵活，因此，当加工精度要求较高时多采用千分尺测量。

千分尺的种类很多，机械加工车间常用的有外径千分尺、内测千分尺、深度千分尺以及公法线千分尺等，分别用于测量或检验零件的外径、内径、深度以及齿轮的公法线长度等。目前企业中大量使用的是读数值为 0.01 mm 的外径千分尺。

使用千分尺测量应注意以下事项。

（1）校对基准点。将砧座与螺杆接触，看圆周刻度零线是否与纵向中线对齐，且微分筒左侧棱边与尺身的零线重合，如有误差修正读数。

（2）合理操作。手握尺架，先转动微分筒，当测量螺杆快要接触工件时，须使用端部棘轮，严禁再拧微分筒。当棘轮发出“嗒嗒”声时，响三下应停止转动。

（3）擦净工件测量面。测量前应将工件测量表面擦净，以免影响测量精度。

（4）不偏不斜。测量时应使千分尺的砧座与测微螺杆两侧面准确放在被测工件的直径处，不能偏斜。

5. 指示表

指示表是指利用机械传动系统，将测量杆的直线位移转变为指针在圆度盘上的角位移，并由圆度盘进行读数的测量器具。其中，分度值为 0.1 mm 的称为十分表；分度值为 0.01 mm 的称为百分表；分度值为 0.001 mm、0.002 mm 和 0.005 mm 的称为千分表。量程超过 10 mm 的指示表称为大量程指示表。

（1）钟式百分表

钟式百分表的外形如图 1-6（a）所示。1 为百分表外壳，7 为测量杆，5 为指针，表盘 3 上刻有 100 个等分格，其分度值为 0.01 mm。当指针转一圈时，小指针即转动一小格，转数指示盘 4 的分度值为 1 mm。用手转动表圈 2 时，表盘 3 也跟着转动，可使指针对准任一刻线。测量杆 7 是沿着套筒 6 上下移动的，套筒 6 可用于安装百分表。8 是测头。钟式百分表的内部结构如图 1-6（b）所示。

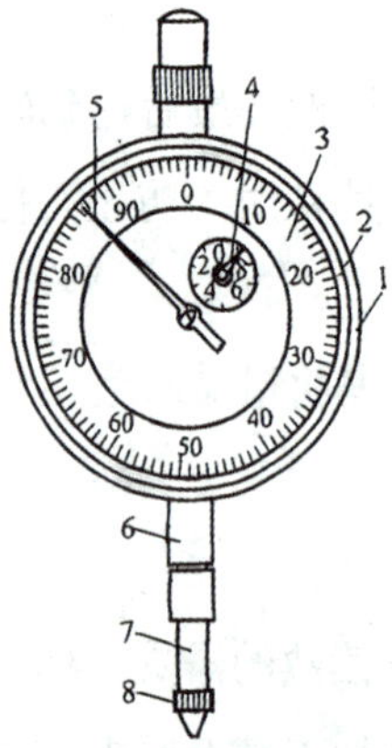

（a）外形

1- 百分表外壳；2- 表圈；3- 表盘；4- 转数指示盘；5- 指针；6- 套筒；7- 测量杆；8- 测头。

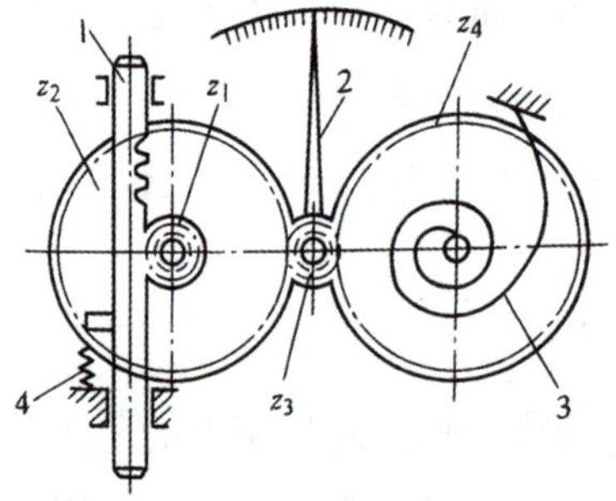

（b）内部结构

1- 测量杆；2- 指针；3、4- 弹簧；z1- 小齿轮 1；z2- 大齿轮 2；z3- 小指针；z4- 大齿轮 4。

图 1-6　钟式百分表外形及内部结构

（2）内径百分表

内径百分表是用来测量内孔的量具，其内部结构如图 1-7 所示。在三通管 3 的一端安装活动测头 1，一端安装可换测头 2，垂直管口一端通过连杆 4 安装百分表 5。活动测头 1 的移动使传动杠杆 7 回转，通过活动杆 6 推动百分表的测量杆，使百分表指针产生回转。由于传动杠杆 7 的两侧测头是等距离的，当活动测头移动 1 mm 时，活动杆也移动 1 mm，推动百分表指针回转一圈。所以，活动测头的移动量可以在百分表上读出来。

在测量内径时，不容易找正孔的直径方向，定心护桥 8 和弹簧 9 则起到了帮助找正直径位置的作用，使内径百分表的两个测头正好在内孔直径的两端。活动测头的测量压力由活动杆 6 上的弹簧控制，保证测量压力一致。内径百分表活动测头的移动量可为 0 ～ 1 mm、0 ～ 3 mm，它的测量范围是通过更换或调整可换测头的长度来实现的。因此，每个内径百分表都附带成套的可换测头。国产内径百分表的测量范围有 10 ～ 18 mm、18 ～ 35 mm、35 ～ 50 mm、50 ～ 100 mm、100 ～ 160 mm、160 ～ 250 mm、250 ～ 450 mm。

6. 游标万能角度尺

万能角度尺又称角度规、游标角度尺和万能量角器，是利用游标读数原理来直接测量工件角或进行划线的一种角度量具，如图 1-8 所示。万能角度尺适用于机械加工中的内、外角度测量，可测 0° ～320° 外角及 40° ～130° 内角。

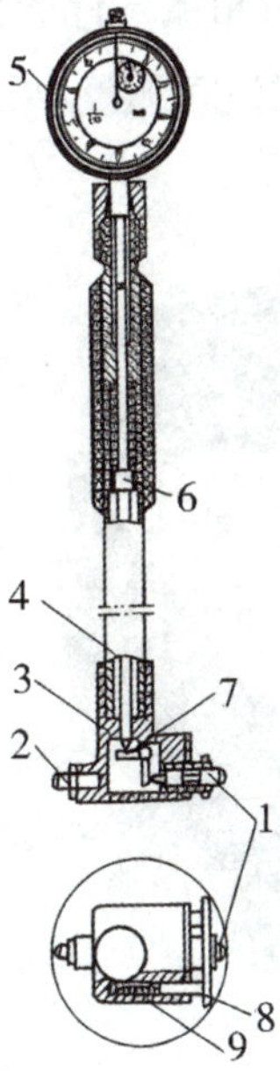

1- 活动侧头；2- 可换侧头；3- 三通管；4- 连杆；5- 百分表；6- 活动杆；7- 传动杠杆；8- 定心护桥；9- 弹簧。

图 1-7　内径百分表内部结构

图 1-8　万能角度尺

万能角度尺的读数机构是根据游标原理制成的。主尺刻线每格为 1°。游标的刻线是取主尺的 29° 等分为 30 格，因此游标刻线角格为 29°/30，即主尺与游标一格的差值为 2'，也就是说万能角度尺读数准确度为 2'。除此之外还有 5' 和 10' 两种精度。其读数方法与游标卡尺完全相同。

测量时应先校准零位，万能角度尺的零位，是当角尺与直尺均装上，而角尺的底边及基尺与直尺无间隙接触，此时主尺与游标的“0”线对准。调整好零位后，通过改变基尺、角尺、直尺的相互位置可测试 0° ～320° 的任意角。

用万能角度尺测量工件时，要根据所测角度适当组合量尺，万能角度尺的结构由尺身、90° 角尺、游标、制动器、基尺、直尺、卡块等组成。万能角度尺有Ⅰ型和Ⅱ型两种，其测量范围分别为 0° ～320° 和 0° ～360° 。

7. 正弦规

正弦规是用于准确检验零件及量规角度和锥度的量具。它是利用三角函数的正弦关系来度量的，故称为正弦规。如图 1-9 所示，正弦规主要由带有精密工作平面的主体和两个精密圆柱组成，四周可以装有挡板（使用时只安装互相垂直的两块即可），测量时可作为放置零件的定位板。国产正弦规有宽型和窄型两种，正弦规两个精密圆柱的中心距精度很高，窄型正弦规的中心距为 200 mm，其误差不大于 0.003 mm，宽型正弦规的中心距误差不大于 0.005 mm。同时，主体上工作平面的平面度以及它与两个圆柱之间的相互位置精度都很高，因此可以用于精密测量，也可用于机床上加工带角度零件的精密定位。利用正弦规测量角度和锥度时，测量精度可达 ±1″ ～ ±3″，但只适宜测量小于 40° 的角度。

图 1-9　正弦规

1.4.2　量具的维护与保养

量具是用来测量工件尺寸的工具，在使用过程中应加以精心的维护与保养，这样才能保证零件测量精度，延长量具的使用寿命。因此，必须做到以下几点。

（1）在使用前应擦干净，用完后必须拭洗干净、涂油并放入专用量具盒内。

（2）不能随便乱放、乱扔，应放在规定的地方。

（3）不能用精密量具去测量毛坯尺寸、处于运动状态的工件或温度过高的工件，测量时用力应适当，不能过猛、过大。

（4）量具如有问题，不能私自拆卸修理，应交实习指导教师处理。精密量具必须定期送计量部门鉴定。

拓展阅读

金工实习的学习方法

金工实习强调以实践教学为主，学生应在教师的指导下通过独立的实践操作，将有关机械制造的基本工艺理论、基本工艺知识和基本工艺实践有机地结合起来，进行工程实践综合能力的训练。除了实践操作外，金工实习的教学方法还包括操作示范、现场教学、专题讲座、电化教学、参观、试验、综合训练、撰写实习报告等。由于金工实习的教学特点与学生长期以来习惯了的课堂理论教学有很大的不同，因而在学习方法上应当进行适当的调整，以求获得良好的学习效果。

以下几种学习方法可供参考。

（1）充分发挥自身的主体作用。金工实习教学与课堂理论教学相比，其显著区别之一，就是学生的实践操作成为主要的学习方式，这就更加突出了学生在教学过程中的主体地位。因此，让学生适当地摆脱对教师和书本的依赖性，学生在实践中积极自主地学习是十分重要的。在实习之前，要自觉地、有计划地预习有关的实习内容，做到心中有数；在实习中，要始终保持高昂的学习热情和求知欲望，敢于动手，勤于动手；遇到问题时，要主动向指导教师请教或与同学交流探讨；要充分利用实习时间，争取得到最大的收获。

（2）贯彻理论联系实际的方法。首先要充分树立“实践第一”的观点，坚决摒弃“重理论，轻实践”的错误思想。随着实习进程的深入和感性知识的丰富，在实践操作过程中，要勤于动脑，使形象思维与逻辑思维相结合。要善于利用学到的工艺理论知识来解决实践中遇到的各种具体问题，而不是仅仅满足于完成实习零件的加工任务。在实习的末期或结束时，要认真做好总结，努力使在实习中获得的感性认识更加系统化和条理化。这样，用理论指导实践，以实践验证和充实理论，就可以使理论知识掌握得更加牢固，也可以使实践能力得到进一步提高。

（3）学会综合地看待问题和解决问题的方法。金工实习是由一系列的单工种实习组合而成的，这就容易造成学生往往只从所实习的工种出发去看待和解决问题，从而限制了自己的思路，所以要注意防止这一现象。一般来说，一件产品是不会只用一种加工方法制造出来的，因此要学会综合地把握各个实习工种的特点，学会从机械产品生产制造的全过程来看待各个工种的作用和相互联系。这样，在分析和解决实际问题时，就能够做到触类旁通、举一反三，使所学的知识和技能融会贯通。

本章小结

本章主要介绍了金工实习的核心内容与目的、操作规程以及基础知识。从实习的基本目标出发，了解了其在工程技术领域中的重要作用，并详细阐述了在实习过程中需要注意的安全和操作规范。此外，通过对金工实习基础知识的梳理，为实践活动奠定了理论基础。通过本章的学习，读者将能够更有效地参与金工实习，确保操作的准确性与安全性，为日后的工程实践打下坚实的基础。

课后思考

1. 通过本项目的学习，我懂得了：

（1）______

（2）______

（3）______

2. 关于金工实习的内容，我有以下新认识：

（1）______

（2）______

（3）______

3. 在现实生活中，我接触过以下方面的金工技术：

（1）______

（2）______

（3）______

第2章 铸　造

本章导读

铸造是金属加工中的一项重要技术，它涉及将熔融金属倒入预先制作的模具中，待其冷却凝固后形成所需形状的零件或产品。本章将对铸造技术进行全面的介绍，从基础概念到具体工艺，再到质量控制和经济性分析，帮助读者全面理解这一重要的制造技术。

学习目标

◎知识目标

1. 了解铸造的概念。
2. 了解铸造的基本工艺过程。
3. 了解铸造的特点和分类。

◎技能目标

1. 掌握砂型铸造和消失模铸造的工艺方法。
2. 掌握铸造合金的熔炼与浇注工艺。
3. 掌握熔模铸造、金属型铸造、压力铸造等常用铸造方法。

◎素质目标

1. 提升对铸造的整体认知。

2. 增强对铸造相关知识技能的学习研究意识，拓宽金工知识框架。

◎思政目标

通过铸造相关知识技能的学习，可以激发学生的创新意识，培养他们对新技术、新材料的敏感性，提高解决实际问题的实践能力，促进技术水平的提升，同时还能培养学生的思想品德、职业操守和社会责任感，为未来的职业发展打下坚实的基础。

2.1 铸造概述

铸造生产是机械制造业中一项重要的毛坯制造工艺过程，其质量和产量以及精度等直接影响机械产品的质量、产量和成本。现在铸造工艺越来越受到人们的重视，尤其是工厂等企业，更加是离不开这样的机械加工手段。

2.1.1 铸造的概念

铸造是指熔融态的金属或合金浇注特定型腔的铸型中凝固收缩成形的金属材料成形方法。

铸造

铸造是金属成形的一种方法，作为区别于其他成形方法的特点，它是一种液态成形的方法。

铸造成形的基本原理是：将金属或合金加热至熔化成熔融态，使其具有一定的流动性；然后通过浇注、压射或吸入等方式，在重力或压力、离心力等外力的作用下进入预先制备好的具有一定形状的铸型型腔中，并使其充满整个型腔；待其冷却收缩凝固后，就得到和该型腔具有相同形状和相一致尺寸的具有一定性能的毛坯或零件。

采用铸造方法获得的金属制品称为铸件。

大多数铸件尺寸精度不高，表面较粗糙，需要经过后续机械加工才能成为合格的机器零件，故行业中常称之为毛坯；有些铸件如果达到指定的表面粗糙度和尺寸精度要求，就可直接应用，称之为成品或零件。

2.1.2 铸造基本工艺过程

铸造的基本工艺过程主要包括：制造模型—熔化金属—充填铸型—冷却凝固—脱模清理。

铸造工艺总结起来可分为三个基本部分，即铸型准备、铸造金属准备和铸件处理。

1. 铸型准备

具有与所需铸造的毛坯或零件相同形状和相一致尺寸的型腔，液态金属在该型腔内冷却凝固成为固态铸件的模型称为铸型。

铸型准备的优劣是影响铸件质量的主要因素；铸型按所用材料可分为砂型、金属型、陶瓷型、泥型、石墨型等，比如用型砂制成的铸型称为砂型；按使用次数可分为一次性型、半永久型和永久型。

2. 铸造金属准备

铸造金属是指铸造生产中用于成形铸件的金属材料，它是以一种金属元素为主要成分，并加入其他金属或非金属元素而组成的合金，习惯上称为铸造合金。铸造常用的金属材料主要有铸铁、铸钢和铸造有色合金（铜、铝、锌、铅等）。铸造金属准备包括铸造金属的熔化与浇注。

3. 铸件处理

铸件处理包括清除型芯和铸件表面异物、切除浇冒口、铲磨毛刺和披缝等凸起物以及热处理、整形、防锈处理和粗加工等。

2.1.3 铸造的优缺点

在机械行业中，大多数零件的制造都要用到金属材料，它们的成形加工也有很多方法，铸造就是其中生产金属零件毛坯的一种主要方法。

1. 铸造的主要优点

与其他加工方法相比，铸造加工具有一些独特的优点。

（1）适用范围较宽广。铸造法可以不受其铸件形状、大小和材料的限制。

铸造能生产各种外形和内腔形状复杂的铸件。不仅能生产十分复杂的外形轮廓，而且还能生产一般机械设备难以加工的复杂内腔，如一些复杂的箱体、床身、机架、缸体、阀体、叶片、叶轮、螺旋桨等。

铸造能达到的尺寸大小和质量的幅度非常大。铸件壁厚可以从 0.3 mm 到 1 m 左右，铸件长度可以从几毫米到十几米不等，铸件质量可以小至几克，大到数百吨。

铸造能使用的原材料比较广泛，几乎凡能熔化成液态的金属和合金材料均可用于铸造。如铸铁、铸钢、铝、铜、镁、钛、锌等。尤其对于有些塑性较差的脆性金属或合金材料，及不适用锻造和焊接的材料，铸造可以说是目前最合适的加工工艺。

（2）铸件具有一定的尺寸精度。一般情况下，铸造件比普通锻件、焊接件成形尺寸精确。

（3）铸造件除了具有一般的机械性能，还具有较好的吸震性及耐磨性，是锻造、冲压、焊接等其他成形方法达不到的。

（4）铸造工艺和生产方式灵活。铸件的生产批量不受限制，既可单件或小批量生产，也可大批量生产；既可手工生产，也可机械化生产。

（5）铸造生产节省资源。铸件使用的原材料来源广，可大量利用废旧金属材料和再生资源，废品可重熔，材料的回收利用率高。

（6）铸件加工成本低，成形经济性好。铸件的形状、尺寸可以与零件成品很接近，后续加工余量小，能节省大量的金属材料和加工工时。尤其是精密铸造，可以直接铸出某些零件，是切削加工的重要发展方向。与锻造相比，其动力消耗小，设备投资低。

2. 铸造的主要缺点

铸造加工缺点如下。

（1）表面质量较低，铸件组织不够致密，存在缩孔、气孔、夹渣、裂纹等缺陷，晶粒粗细不均，铸件力学性能较低，耐冲击能力较低。

（2）铸造生产工序较多，工艺过程控制较烦琐，内部缺陷很难控制，铸件质量不够稳定，易产生废品，返修率很高。

（3）砂型铸造中，单件、小批量生产，工人劳动强度大，劳动条件差，作业环境也较差。

随着铸造合金、铸造工艺技术的发展，特别是精密铸造的发展和新型铸造合金的成功应用，铸件的表面质量、力学性能都有显著提高，铸件的应用范围日益扩大。

铸件广泛用于机床制造、动力、交通运输、轻纺机械、冶金机械等设备。铸件质量占机器总质量的 40 % ～ 85 %。

2.1.4 铸造的分类

铸造种类很多，按造型方法划分可分为以下两类。

1. 普通砂型铸造

普通砂型铸造又称砂铸，翻砂，包括湿砂型、干砂型和化学硬化砂型三类。

2. 特种铸造

特种铸造按造型材料又可分为以天然矿产砂石为主要造型材料的特种铸造（如熔模铸造、泥型铸造、铸造车间壳型铸造、负压铸造、实型铸造、陶瓷型铸造、消失模铸造等）和以金属为主要铸型材料的特种铸造（如金属型铸造、压力铸造、连续铸造、低压铸造、离心铸造等）两类。

铸造按照成形工艺划分可分为以下两类。

1. 重力浇铸

砂铸，硬模铸造。依靠金属自身重力将熔融金属液浇入型腔。

2. 压力铸造

低压浇铸，高压铸造。依靠额外增加的压力将熔融金属液瞬间压入铸造型腔。

2.1.5 铸造时需要注意的安全事项

铸造是一项涉及高温和金属液体的工艺，因此在进行铸造时，安全问题至关重要。以下是铸造时需要注意的安全事项。

1. 个人防护装备

（1）佩戴适当的个人防护装备，包括防火服、安全帽、护目镜、防护手套和防护靴等。

（2）防火服要能够抵御高温和飞溅的金属。

2. 工作区域安全

（1）确保工作区域通风良好，以减少有害气体的积聚。

（2）将工作区域标记清晰，确保其他人员不会无意中进入。

3. 熔炉操作安全

（1）遵守熔炉的安全操作规程，确保熔炉的正常运行。

（2）谨慎处理熔融金属，避免溅射和烫伤。

4. 金属液体处理

（1）避免将湿物质投入金属液体中，以防引起剧烈的气体放出和溅射。

（2）注意金属液体的温度，防止烫伤和灼伤。

5. 模具和模型处理

（1）使用合适的模具和模型，并确保其耐高温。

（2）谨慎处理模具，以防止损坏和意外发生。

6. 紧急情况处理

（1）确保了解紧急情况下的应急程序，并熟悉紧急设备的位置。

（2）提前培训人员，以便在需要时能够迅速而有效地应对紧急情况。

7. 定期检查设备

（1）定期检查和维护铸造设备，确保其正常运行。

（2）及时修复设备故障，防止因设备问题引发的安全隐患。

8. 培训与意识

（1）对从业人员进行安全培训，使其了解铸造过程中的潜在危险和安全措施。

（2）提高从业人员的安全意识，鼓励报告任何安全隐患或事故。

在铸造过程中，严格遵守安全规程和标准是确保工作人员与工作环境安全的关键。

2.2 砂型铸造

铸造生产中的铸型是用来容纳金属液，使金属液按照它的型腔形状凝固成形，从而获得与其型腔形状一致的铸件。常用的铸型，按造型材料的不同可分为砂型和金属型。砂型铸造是用型砂制成铸型并在重力下进行浇注而生产出铸件的铸造方法。砂型铸造生产的基本流程如图 2-1 所示。

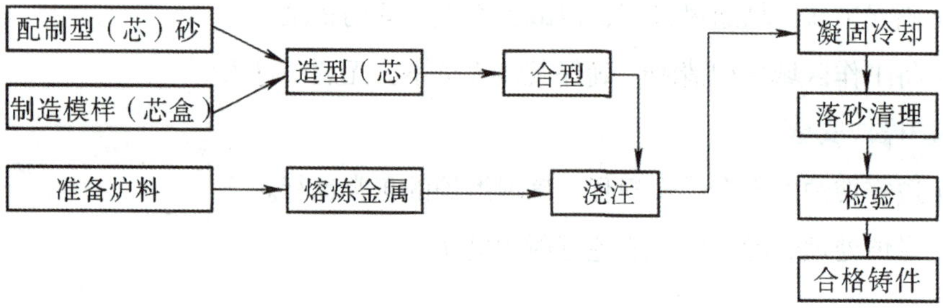

图 2-1　砂型铸造生产的基本流程

2.2.1　造型材料与工艺装备

1. 型砂和芯砂

砂型铸造的造型材料由原砂、黏结剂、附加物等按一定比例和制备工艺混合而成，它具有一定的物理性能，能满足造型的需要。制造铸型的造型材料称为型砂，制造型芯的造型材料称为芯砂。型砂和芯砂性能的优劣直接关系到铸件质量的好坏和成本的高低。

（1）型砂和芯砂的组成

① 原砂。只有符合一定技术要求的天然矿砂才能作为铸造用砂，这种天然矿砂称为原砂。天然硅砂因资源丰富，价格便宜，是铸造生产中应用最广的原砂，它含有 85 % 以上的 SiO_2 和少量其他物质等。原砂的粒度一般为 F50 ～ F140。

② 黏结剂。砂粒之间是松散的，且没有黏结力，显然不能形成具有一定形状的整体。在铸造生产过程中，须用黏结剂把砂粒黏结在一起，制成砂型或型芯。铸造用黏结剂种类

较多，按照其组成可分为有机黏结剂（如植物油类、合脂类、合成树脂类黏结剂等）和无机黏结剂（如黏土、水玻璃、水泥等）两大类。黏土是最常用的一种黏结剂，它价廉而且来源丰富，具有一定的黏结强度，可重复使用。用合成树脂作为黏结剂的型（芯）砂，具有硬化快、生产率高、硬化强度高、砂型（芯）尺寸精度高、表面光洁、退让性和溃散性好等优点，但成本较高。用黏土作为黏结剂的型（芯）砂称为黏土砂，用其他黏结剂的型（芯）砂则分别称为水玻璃砂、油砂、合脂砂和树脂砂等。

③ 涂料。对于型芯和某些要求较高的砂型，常把一些防黏砂材料（如石墨粉、石英粉等）制成悬浊液，涂刷在型腔或型芯的表面上，以提高铸件表面质量，这称为上涂料。涂料最常使用的溶剂是水，而快干涂料常用煤油、酒精等作为溶剂。对于湿型砂，可直接把涂料粉（如石墨粉）喷撒在砂型或型芯表面上。

铸型所用材料除了原砂、黏结剂、涂料外，还加入某些附加物，如煤粉、重油等，以增加砂型的抗黏砂性能，提高铸件的表面质量。

（2）型砂和芯砂的性能要求

① 强度。型（芯）砂抵抗外力破坏的能力称为强度。如果型（芯）砂的强度不够，则在生产过程中铸型（芯）易损坏，会使铸件产生砂眼、冲砂、夹砂等缺陷。但强度过高，则会使型（芯）砂的透气性和退让性降低。型砂中黏土的含量越高，型砂的紧实度越高，砂粒越细，则强度就越高。含水量对强度也有很大影响，过多或过少的含水量均使强度降低。

② 透气性。型（芯）砂具备让气体通过和使气体顺利逸出的能力称为透气性。型砂透气性不好，则易在铸件内形成气孔，甚至出现浇不足现象。砂粒为圆形，且越粗大、均匀，砂粒间孔隙就越大，透气性就越好。随着黏土含量的增加，型砂的透气性通常会降低；但黏土含量对透气性的影响与水分的含量密切相关，只有水分含量适当时，型砂的透气性才能达到最佳。型砂紧实度增大，砂粒间孔隙就减少，型砂透气性降低。

③ 耐火度。型砂在高温作用下不熔化、不烧结、不软化、保持原有性能的能力称为耐火度。耐火度差的型砂易被高温熔化而破坏，产生黏砂等缺陷。原砂中的 SiO_2 含量越高，杂质越少，则耐火度越好；砂粒越粗，其耐火度越好。圆形砂粒的耐火度比较好。

④ 退让性。在铸件冷却收缩时，型砂能相应地被压缩变形，而不阻碍铸件收缩的性能称为型砂的退让性。型砂的退让性差，易使铸件产生内应力、变形或裂纹等缺陷。使用无机黏结剂的型砂，高温时发生烧结，退让性差；使用有机黏结剂的型砂退让性较好。为提高型砂的退让性，可加入少量木屑等附加物。

此外，型（芯）砂还应具有较好的可塑性、流动性、耐用性等。

芯砂在浇注后处于金属液的包围中，工作条件差，除了应具有上述性能外，还必须有较低的吸湿性、较小的发气性、良好的溃散性（也称落砂性）等。

（3）型砂的处理和制备

铸造生产用的型砂是由新砂、旧砂、黏结剂、附加物和水按照一定工艺配制而成。在配制前，这些材料需经一定的处理。新砂中常混有水、泥土及其他杂物，须烘干并筛去固体杂质。旧砂因经浇注后会烧结成很多成块的砂团，需经破碎后才能使用。旧砂中含有铁钉、木块等杂物，需捡出或经筛分后除去。一般，生产小型铸件的型砂质量配比为：旧砂 90 % 左右，新砂 10 % 左右，黏土占新旧砂总和的 5 % ～ 10 %，水占新旧砂总和的 3 % ～ 8 %，其余附加物如木屑、煤粉占新旧砂总和的 2 % ～ 5 %。

按一定比例选择好的制砂材料一定要混合均匀，才能使型砂和芯砂具有良好的强度、透气性和可塑性等性能。一般情况下，混砂工作是在混砂机中进行的。在黏土砂混砂过程中，加料顺序是：旧砂→新砂→黏结剂→附加物→水。为使混砂均匀，混砂时间不宜太短，否则会影响型砂的使用性能。一般在加水前先干混 2 ～ 3 min，再加水湿混约 10 min。

型（芯）砂混制处理好后，应放置一段时间，使水分分布更加均匀，这一过程称为调匀。使用型砂前，还需经过松散处理。型砂性能一般需用专门仪器检测，若没有检测仪器，也可凭手捏的感觉对某些性能做粗略的判断，手捏可成砂团，表明型砂湿度适当，手松开后砂团表面手印清晰，表明成型性好，用双手把砂团掰断后，断面处砂型应无碎裂，表明有足够强度。

2. 模样、芯盒与砂箱

模样、芯盒与砂箱是砂型铸造中造型时用到的主要工艺装备。

（1）模样

模样是与铸件外形及尺寸相似并且在造型时形成铸型型腔的工艺装备。模样的结构应便于制作加工，具有足够的刚度和强度，表面光滑，尺寸精确。模样的尺寸和形状是由零件图和铸造工艺参数得出的。

① 铸造工艺参数

设计模样时，要考虑的铸造工艺参数主要有如下几点。

- 收缩率。金属在铸型内凝固冷却时要收缩，因此模样的尺寸应比铸件尺寸放大一定的数值。其大小主要取决于所用铸造合金的种类。
- 加工余量。铸件的加工表面必须留有适当的加工余量，机械加工时，只有切去这层加工余量，才能使零件达到图样要求的尺寸和表面质量。
- 起模斜度。为使模样从铸型中顺利取出，在平行于起模方向的模样壁上留出的向着分型面逐渐增大的斜度称为起模斜度。

● 铸造圆角。为了便于金属熔液充满型腔和防止铸件产生裂纹，把铸件转角处设计为过渡圆角。

● 芯座。造型时，在型腔中留出的用于安放芯头以支承型芯的孔洞。

② 常用模样

根据制造模样材料的不同，常用的模样分为木模和金属模。此外，还有塑料模、石膏模等。

● 木模。用木材制成的模样称为木模。木模是铸造生产中用得最广泛的一种，它具有价廉、质轻和易于加工成形等优点。其缺点是强度和硬度较低，容易变形和损坏，使用寿命短。木模一般适用于单件小批量生产。

● 金属模。用金属材料制造的模样称为金属模，具有强度高、刚性好、表面光洁、尺寸精确、使用寿命长等特点，适用于大批量生产。但它的制造难度大、周期长，成本也高。金属模一般是在工艺方案确定后，经试验成熟的情况下再进行设计和制造的。制造金属模的常用材料是铝合金、铜合金、铸铁、铸钢等。

（2）芯盒

铸件的孔及内腔是由型芯形成的，型芯又是由芯盒制成的。应以铸造工艺图、生产批量和现有设备为依据确定芯盒的材质和结构尺寸。大批量生产应选用经久耐用的金属芯盒，单件小批量生产则可选用木质芯盒。

从芯盒的分型面和内腔结构来看，芯盒的常用结构形式有分开式、整体式和可拆式。整体式芯盒一般用于制作形状简单、尺寸不太大和容易脱模的型芯，它的四壁不能拆开，芯盒出口朝下即可倒出型芯。可拆式芯盒结构较复杂，它由内盒和外盒组成。起芯时，型芯和内盒从外盒倒出，然后从几个不同方向把内盒与型芯分离。这种芯盒适用于制造形状复杂的中、大型型芯。

（3）砂箱

砂箱是铸造生产常用的工装，造型时，用来容纳和支承砂型；浇注时，砂箱对砂型起固定作用。合理选用砂箱可以提高铸件质量和劳动生产率，减轻劳动强度。

2.2.2 手工造型

1. 手工造型常用工具

手工造型常用工具如下。

（1）底板大多用木材制成，用于放置模样，其大小依砂箱和模样大小而定。

（2）砂舂其两端形状不同，尖圆头主要是用于舂实模样周围、靠近内壁砂箱处或狭窄部分的型砂，保证砂型内部紧实；平头板用于砂箱顶部砂的紧实。

（3）通气针用于在砂型上适当位置扎通气孔，以便排出型腔中的气体。

（4）起模针用于从砂型中取出模样。

（5）皮老虎（也称为手风箱）用于吹去模样上的分型砂和散落在砂型表面上的砂粒及其余杂物，使砂型表面干净平整。

（6）半圆刀用于修整圆弧形内壁和型腔内圆角。

（7）镘刀（又称砂刀）用于修整砂型表面或在砂型表面上挖沟槽。

（8）压勺用于在砂型上修补凹的曲面。

（9）砂勾用于修整砂型底部或侧面，也用于勾出砂型中的散砂或其他杂物。

（10）刮板主要是用于刮去高出砂箱上平面的型砂和修整大平面。

手工造型常用工具还有铁锹、筛子、排笔等。

2. 砂型的组成

合型后的砂型结构简图如图 2-2 所示。图中的型腔为模样取出后留下的空间，浇注后，型腔中的金属液凝固形成所需的铸件。上箱中的砂型称上型，上型中除上部型腔之外，还有浇口杯、直浇道、横浇道、通气孔、上型芯座等。下箱中的砂型称为下型，下型中除下部型腔之外，还有内浇道、下型芯座等。上、下型的分界面称为分型面。浇注时，金属液经浇口杯、直浇道、横浇道、内浇道进入型腔并将其充满。型腔和型砂中的气体经通气孔排出，上、下型芯座用于型芯的固定和定位。

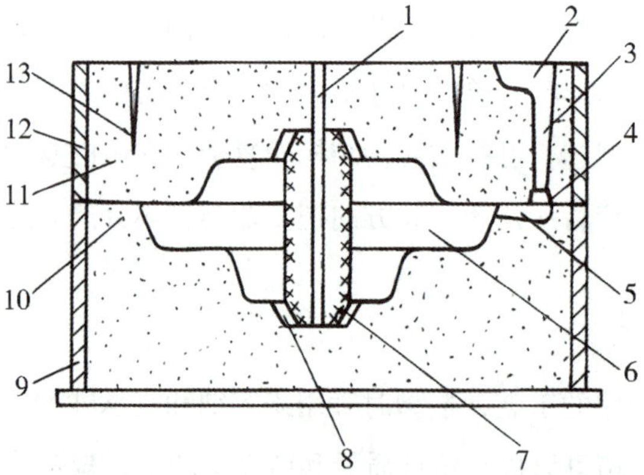

1- 型芯通气孔；2- 浇口杯；3- 直浇道；4- 横浇道；
5- 内浇道；6- 型腔；7- 型芯；8- 芯座；9- 下砂箱；
10- 下型；11- 上型；12- 上砂箱；13- 通气孔。

图 2-2　合型后的砂型结构简图

3. 手工造型操作基本技术

（1）造型工具的准备

型砂配制好后，接着准备底板、砂箱、模样、芯盒和必要的造型工具。开始造型时，首先应确定模样在砂箱中的位置，模样与砂箱内壁之间必须留有 30 ～ 100 mm 的距离，称为吃砂量，如图 2-3 所示。吃砂量不宜太大，否则需填入更多的型砂，加大砂型的重量，并且耗费时间；若吃砂量过小，则砂型强度不够，浇注时易被金属液冲坏。

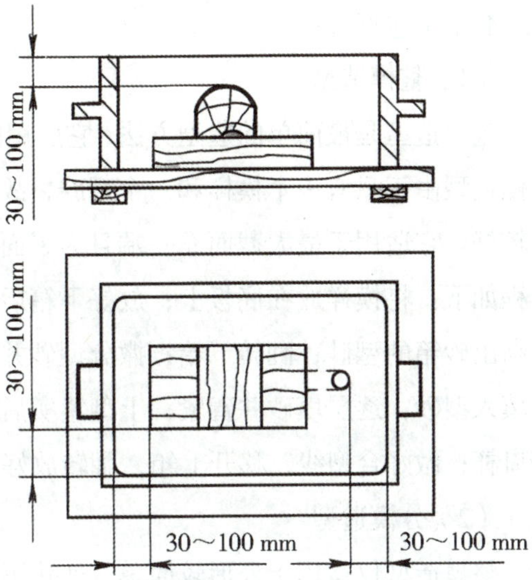

图 2-3　模样与砂箱内壁距离

（2）手工造型基本过程

① 模样、底板、砂箱按一定空间位置放置好后，填入型砂并舂紧。填砂时，应分批加入。

填砂和舂砂时应注意：第一，用手把模样周围的型砂压紧。因为这部分型砂形成型腔内壁，要承受金属液的冲击，故对它的强度要求较高；第二，每加入一次砂，这层砂都应舂紧，然后才能再次加砂，以此类推，直至把砂箱填满紧实；第三，舂砂用力大小应适当，用力过大，砂型太紧，型腔内气体出不来；用力过小，砂粒之间粘接不紧，砂型太松易塌箱。最后，应注意同一砂型各处紧实度是不同的，靠近砂箱内壁应舂紧，以防塌箱；靠近型腔部分型砂应较紧，使其具有一定强度；其余部分砂层不宜过紧，以利于透气。

② 砂型造好后，应在分型面上撒分型砂，然后再造另一个砂型，以便于两个砂型在分型面处容易分开。应该注意的是，模样的分模面上不应有分型砂，如果有，应吹去。撒分型砂时，应均匀散落，在分型面上有均匀的一薄层即可。分型砂应是无黏结剂的、干燥的细砂。

③ 上砂型制成后，应在模样的上方用通气针扎通气孔。通气孔分布应均匀，深度不能穿透整个砂型。

④ 用浇口棒做出直浇道，开好浇口杯。

⑤ 做合型线。合型线是上、下砂型合型的基准。

⑥ 沿分型面分开铸型，在分型面上开挖出内浇道和横浇道。内浇道可以在起模前或起模后开挖，大多开在下型一侧的分型面上。

⑦ 起出模样。起模前，可在模样周围的型砂上用排笔刷些水，以增加该处型砂的强度，防止起模时损坏砂型。起模时，应先轻轻敲击模样，使其与周围的型砂分开。起模操作要胆大心细，手不能抖动。起模方向应尽量垂直于分型面。

⑧ 起模后，型腔如有损坏，可用工具修复。

⑨ 合型时，应找正定位销或对准两砂箱的合型线，防止错型。

4. 手工造型方法

（1）整模造型

整模造型是最简单的造型方法，它所用的模样是一个整体，型腔全部位于一个砂型中。整模造型由于只有一个模样和一个型腔，故操作简便，不会发生错型，型腔形状和尺寸精度较好。它适用于最大截面靠一端且为平面的铸件，如齿轮坯、轴承座等。整模造型基本过程如下：将模样放在底板上；放好下箱后填砂；逐层填砂并紧实；舂紧最后一层砂；刮去高出砂箱的型砂；翻转下箱；撒分型砂并吹去分模面上的分型砂；放置上箱，放浇道棒后填入型砂；逐层填砂并舂紧；上型紧实后刮去多余的型砂；扎通气孔，取出浇道棒，开浇口杯；做好合型线，移开上箱，翻转放好；修整分型面，挖内浇道；起出模样；合型。

（2）分模造型

整模造型仅适用于外形较简单、变化不复杂的铸件。当铸件外形较复杂或有台阶、环状凸缘（法兰边）、凸台等情况时，如果用整模造型方法，就很难从砂型中取出模样或根本无法取出。这时，可将模样从最大截面处分成两部分，故称为分模造型。分模造型时，两半模样分别在上、下砂型中，这样起模比较方便。

分模造型应注意以下几方面。

① 上、下两半模样的定位销钉与定位孔既要准确配合又要易于分开。

② 两箱分模造型时，上、下箱都有型腔，合型时，一定要注意上、下箱定位准确，以避免发生错型。

③ 起模时，模样可能稍有松动，应尽可能保证上、下两半模样松动的方向和大小一致。

分模造型是一种常用的造型方法，适用于形状较复杂的铸件，特别是有孔的铸件，如套筒、管子、阀体、箱体等。

（3）挖砂造型与假箱造型

对于有些单件小批量生产的铸件，需要分模造型，但其最大截面不是平面，而是较复杂的曲面，或者由于模样分开后易损坏等原因而不宜分模，在这些情况下，为了制造模样的方便，常把模样做成整体，造型时挖掉妨碍起模的砂子，使模样顺利取出，这种方法称为挖砂造型。挖砂造型时，每次型砂紧实后都要挖掉妨碍起模的砂子，一般情况下都是手工操作，比较麻烦，生产率低，并且对操作者操作技术水平要求较高。

假箱造型是在造型前先预做一个特制的成形底板（即假箱）来代替平面底板，并将模样放置在成形底板上造型。这样可省去挖砂操作，以提高生产率。成形底板可用木材制成或用黏土含量较多的型砂舂制紧实而成。

（4）活块造型

有些模样上带有凸台等凸出部位，造型时，这些凸出部位经常妨碍起模。为此，常把这些凸出部分做成活块，这些活块用销子或燕尾槽与模样主体连接，造型起模时，先取出模样主体，然后再从侧面取出砂型里面的活块，这种造型方法称为活块造型。

（5）三箱造型

两箱造型只有一个分型面，但是形状复杂的铸件上常需要两个或更多的分型面，才能将模样从砂型中取出，这样就需用三箱或多箱的造型方法来解决。与两箱造型相比，三箱造型多了一个分型面，操作复杂，增加了造型和合型的工作量，发生错型缺陷的可能性增加，铸件质量不易保证，生产率也不高，只适于单件小批量生产。

（6）刮板造型

对于带轮、管子等大中型回转体铸件，若生产数量很少，为方便起见，可根据所需铸件截面形状制成相应的刮板，然后用刮板在型砂上刮出所要求的型腔，这种方法就是刮板造型。刮板造型的生产率低，操作技术水平要求较高，铸件精度较低；但模样（即刮板）制作简单省料，生产周期短。

手工造型的其他方法还有脱箱造型、地坑造型、组芯造型等。

5. 分型面与浇注位置

（1）分型面

砂型铸造时，一般情况下至少有上、下两个砂型，砂型与砂型之间的分界面是分型面。由此可知，两箱造型有一个分型面，三箱造型有两个分型面。分型面是铸造工艺中的一个重要概念，分型面的选择主要应根据铸件的结构特点来确定，并尽量满足浇注位置的要求，同时还要考虑便于造型和起模、合理设置浇注系统和冒口、正确安装型芯、提高劳动生产率和保证铸件质量等各方面的因素。一个铸件确定分型面有时有几个方案，应该根据实际需要，全面考虑，找出一个最佳方案。确定分型面时，应尽量满足以下原则。

① 分型面应尽量取在铸件的最大截面处，以便于造型时起模。图 2-4（a）所示为带斜边的法兰零件，若以最大截面 F1—F1 为分型面，显然非常容易起模，如图 2-4（b）所示；若以 F2—F2 为分型面，显然无法起模，如图 2-4（c）所示。

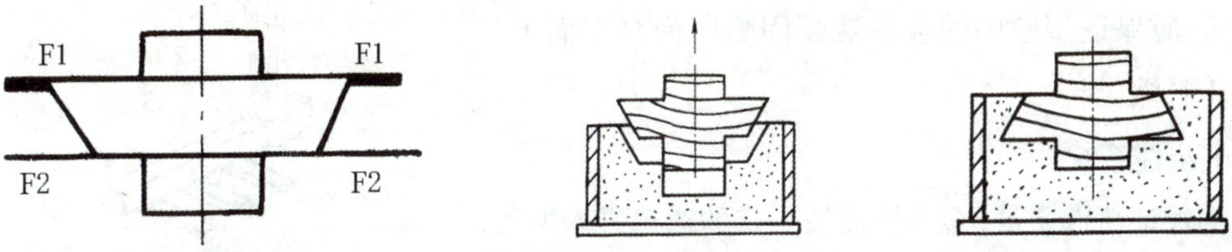

（a）带斜边的法兰零件　（b）以最大截面 F1-F1 为分型面　（c）以小截面为 F2-F2 分型面

图 2-4　分型面的选择

② 尽量减少分型面数量。分型面多，砂箱的数量就多，造型时间加长，劳动强度加大，生产率则降低，并且发生错型和抬箱的可能性增大，铸件质量不易保证。分型面多，也不

适宜采用机器造型。

③ 尽量把铸件放在同一个砂箱内。这样可以减少错型的可能性，从而提高了铸件质量。若由于铸件结构或工艺的需要，铸件实在不能安置在同一砂箱内，则尽量将其主要结构或重要部位放在同一个砂箱内。若采用图 2-5（a）所示方式，整个铸件在一个砂箱内，且在下箱内，即使发生错型，对铸件质量也没有多大影响，所以该方案是合理的；若采用图 2-5（b）所示方式，铸件型腔分在两个砂箱内，铸件易产生错型、飞边等，影响铸件质量。

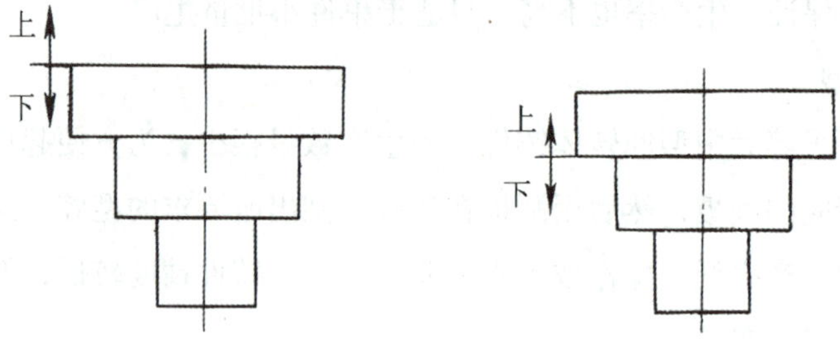

（a）铸件在同一个砂箱中　　（b）铸件在两个砂箱中

图 2-5　尽量把铸件放在同一个砂箱内

④ 分型面应尽量选择平面，并且尽量采用水平分型面。这样，可以简化造型工艺，容易保证铸件质量。

⑤ 分型面的选择应尽量方便砂芯的定位和安放。

（2）浇注位置

铸件的浇注位置是指浇注时铸件在砂型中的空间位置，浇注位置与前面介绍的分型面的确定一般是同时考虑的，这两者选择合理，可大大提高铸件质量和生产率。确定铸件的浇注位置，应尽量保证造型工艺和浇注工艺的合理性，确保铸件质量符合规定要求，减少铸件清理的工作量。确定铸件浇注位置时，应尽量做到以下几方面。

① 铸件上的重要表面和较大的平面应放置于型腔的下方，以保证其性能和表面质量。

② 应保证金属液能顺利进入型腔并且能充满型腔，避免产生浇不足、冷隔等现象。

③ 应保证型腔中的金属液凝固顺序为自下而上，以便于补缩。

6. 浇注系统

为保证铸件质量，金属液需按一定的通道进入型腔，金属液流入型腔的通道称为浇注系统。典型的砂型铸造浇注系统包括浇口杯、直浇道、横浇道、内浇道，如图 2-6 所示。浇注时，金属液的流向：浇包→浇口杯→直浇道→横浇道→内浇道→型腔。如果浇注系统不合理，可能使铸件产生气孔、砂眼、缩孔、裂纹

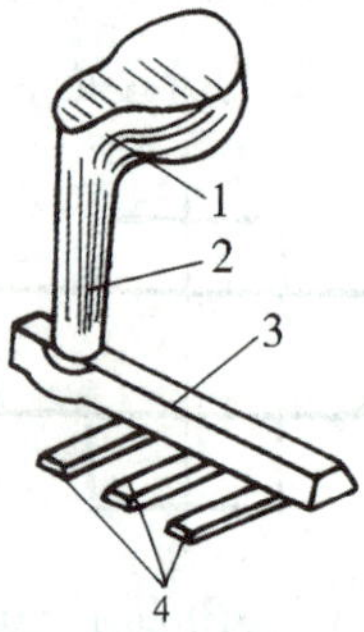

1- 浇口杯；2- 直浇道；
3- 横浇道；4- 内浇道。

图 2-6　典型砂型铸造浇注系统的组成

和浇不足等缺陷。浇注系统应在造型前设计好，在造型过程中做出。

（1）浇注系统的组成部分

① 浇口杯（外浇口）。浇口杯的主要作用是便于浇注，缓和来自浇包的金属液压力，使之平稳地流入直浇道。最常用的浇口杯为漏斗形，这种浇口杯的优点是形状简单、制造方便，缺点是容积小，浇注大铸件时，会产生漩涡。

② 直浇道。直浇道的主要作用是对型腔中的金属液产生一定的压力，使金属液更容易充满型腔。直浇道的垂直高度越高，金属液流动的速度就越快，并且对型腔内的金属液产生的压力就越大，就越容易将型腔中的各部分充满。但直浇道也不宜太高，否则金属液的速度和压力过大，会把型腔表面冲坏，影响铸件质量。

③ 横浇道。横浇道连接直浇道和内浇道，它的主要作用是把直浇道流过来的金属液送到内浇道，并且起挡渣和减缓金属液流动的作用。由于内浇道不能挡渣，因此横浇道的挡渣作用更显重要。横浇道是水平方向的，熔渣在其中较容易向上浮起。常见的横浇道截面为高梯形。

④ 内浇道。内浇道是金属液直接流入型腔的通道，它的主要作用是控制金属液流入型腔的速度和方向。内浇道的形状、位置以及金属液的流入方向，对铸件质量影响都很大。内浇道的截面形状有扁梯形、三角形、圆形和半圆形等。扁梯形内浇道是最常用的一种内浇道，它的特点是高度低而宽度大，大多开设在横浇道的底部，这样浮在金属液上层的熔渣不易进入型腔。内浇道的开设应注意以下情况。

- 内浇道不应开在铸件的重要部位，因为靠近内浇道处金属液冷却较慢，组织较疏松，晶粒粗大，力学性能较差。
- 内浇道金属液流动的方向不要正对着砂型和型芯，以防止其冲击型腔壁或型芯，从而产生砂眼、黏砂缺陷。
- 对于一些大型的薄壁铸件，由于金属液充型能力减弱，凝固时间短，因此应多开内浇道，使金属液能够迅速、平稳地流入型腔。
- 从清理铸件方便的角度考虑，为防止清理内浇道时敲坏铸件，内浇道与铸件连接部位应有缩颈，清理内浇道时，在缩颈处断裂，如图 2-7 所示。

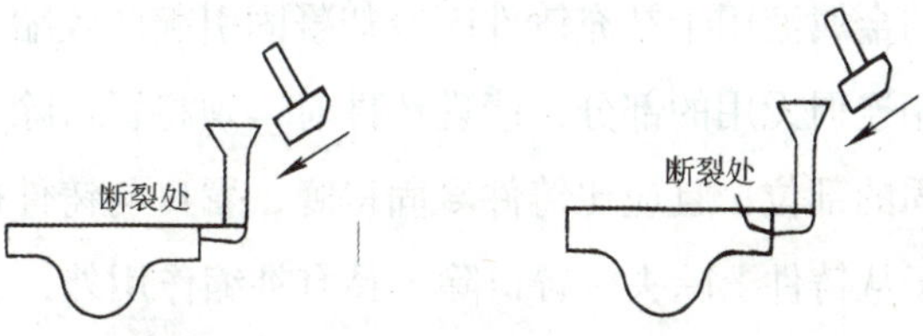

（a）正确　　（b）不正确

图 2-7　内浇道与铸件连接部位应有缩颈

（2）浇注系统的类型

内浇道的位置对铸件的质量影响很大，因为随着内浇道位置的不同，金属液流入型腔的方式就不同，则金属液在型腔中的流动情况和温度分布情况也随之不同。根据内浇道中金属液流入型腔的方式，可将浇注系统分为以下几种。

① 顶注式浇注系统。顶注式浇注系统适用于不太高、形状不太复杂的铸件。这类浇道的优点是金属液直接从顶部很快进入型腔，特别有利于薄壁铸件的金属液充满；缺点是由于金属液直接从高处落下，容易对型腔壁直接产生冲击力，破坏砂型，形成砂眼。顶注式浇注系统最简单的形式，浇注系统只有浇口杯和直浇道，没有横浇道和内浇道，金属液经直浇道直接进入型腔，这种形式比较适用于小型铸件。

② 底注式浇注系统。底注式浇注系统是把金属液从型腔底部引入型腔，这样增加了造型操作的难度。由于金属液不是直接从直浇道进入型腔，而是经过一个缓冲过程，因此对型腔的冲击力较小。而且金属液面是从下向上慢慢升高，故型腔中的气体较容易从出气孔或冒口中排出。但对壁厚比较薄且尺寸又比较大的铸件，容易产生浇不足缺陷。底注式浇注系统适用于大型且壁比较厚、形状较复杂的铸件。

③ 中注式浇注系统。中注式浇注系统是把金属液从型腔中部引入型腔，它的特点介于顶注式浇注系统和底注式浇注系统之间。一般情况下把内浇道开在分型面上，这样操作比较方便。

④ 多层式（阶梯式）浇注系统。有些铸件高度很大，若用顶注式浇注系统，可能产生较大的冲击力，金属液也不能平稳流动；若用底注式浇注系统，易产生浇不足现象。在这种情况下，可采用多层式浇注系统进行浇注，它兼有顶注式浇注系统、底注式浇注系统和中注式浇注系统的优点，金属液自下而上顺序注入和充满型腔，适用于高大的铸件和较为复杂的铸件。

7. 冒口

在铸件的生产过程中，进入型腔的金属液在冷却过程中要产生体积收缩，如果没有金属液及时补充这一收缩，则在铸件最后凝固部位会形成空洞，这种空洞称为缩孔。不过，通过工艺方法可以把缩孔移到冒口里面而实现补缩。冒口是砂型中与型腔相通并用来储存金属液的空腔，其中的金属液用于补充铸件因冷却凝固引起的收缩，以消除缩孔。铸件形成后，它变成与铸件相连但无用的部分，清理铸件时，须将冒口除去回炉。冒口应设在铸件厚壁处，即最后凝固的部位，且应比铸件凝固得晚，冒口与铸件被补缩部位之间的通道应畅通。冒口应较易于从铸件上除去。冒口除了具有补缩作用外，还有出气和集渣作用。

常用的冒口分为明冒口和暗冒口。明冒口一般设在铸件顶部，它使型腔与大气相通。浇注时，若从明冒口看到金属液冒出，表明金属液已充满型腔。其优点是型腔内气体易于排出，可方便地向冒口中补加金属液和保温剂，清理铸件时，除去冒口也比较容易；缺点是冒口的高度随砂箱高度的增大而增大，消耗的金属液比较多，外界的杂物易通过明冒口进入型腔。暗冒口在铸型内部，其优点是散热面小，补缩效果比明冒口好，金属液消耗少，多用于中、小型铸件。冒口的形状对补缩效果影响非常大，目前使用较多的是圆柱形冒口。

8. 冷铁

冷铁是为了增加铸件局部的冷却速度，而在相应部位的铸型型腔或型芯中安放的用金属制成的激冷物。它可以加快铸件厚壁处的冷却速度，调节铸件的凝固顺序。它与冒口相配合，可扩大冒口的有效补缩距离，因而可减少冒口的数量和尺寸。此外，冷铁还可用于提高铸件局部的硬度和耐磨性。常用的冷铁材料有铸铁、钢、铝合金、铜合金等。根据冷铁在铸件上的位置，常用的冷铁分为外冷铁和内冷铁。

（1）外冷铁

外冷铁是在造型过程中埋入砂型中，只和铸件外表面接触，表面涂有涂料，故外冷铁与铸件表面是相互分离的，清理时与型砂一起清出。

（2）内冷铁

内冷铁放置在型腔内，浇注后被高温金属液包围并熔合而留在铸件中。它的激冷作用大于外冷铁，其材料要与铸件材料相同或相近，并要除去表面油污和氧化皮。

2.2.3 机器造型

机器造型是在手工造型基础上发展起来的，与手工造型相比，机器造型的特点是：①生产率高，劳动强度低，对操作者的技术水平要求不是很高；②砂型质量得到保证，故铸件尺寸精度和表面质量有所提高；③由于设备、工装投入大，因而只适用于大批量生产的铸件。

机器造型一般是两箱造型，采用模底板和砂箱在专门的造型机上进行。模底板是将铸件及浇注系统的模样与底板装配成一体，并附设有砂箱定位装置的造型工装。

根据紧实砂型方式的不同，常用的机器造型方法有震压紧实和射压紧实等。

1. 震压紧实

首先从造型机的震实进气孔进气，震击活塞带动工作台上升，上升至一定高度时，排气口打开，工作台下降，产生撞击震动使砂型紧实，如此反复震实多次后停止；再从压实进气孔进气，使压实活塞上升进行压实；最后由起模顶杆将砂箱顶起而脱离模板，实现起模。

2. 射压紧实

利用压缩空气将型砂高速射入砂箱，射砂的过程既是向砂箱中填砂的过程，也是初步紧实的过程，然后再对砂型做进一步压实。

此外还有压实紧实、射砂紧实、高压紧实、抛砂紧实、气冲紧实等机器造型方法。

2.2.4 造芯

1. 型芯的作用和结构

砂型是用模样制成的，主要形成铸件的外形；而型芯是用型芯盒制成的，主要形成铸件的孔或内腔。浇注时，型芯被金属液包围，金属液凝固后，去掉型芯形成铸件的内腔或孔，这是型芯用得最多的一种情况。对于一些比较复杂的铸件，由于单独使用模样造型有困难，这时也可用型芯（称为外型芯），与砂型配合构成铸件的外部形状。型芯结构的主要部分有以下几个。

（1）芯头

芯头是型芯上用于定位和支承的部分。砂型中用于放置型芯的结构称为芯座，芯头安放在芯座中。为了在造型和造芯时便于起模和脱芯，同时也为了下芯和合型的方便，芯头和芯座都带有一定斜度。芯头与芯座的配合间隙必须合理。如果它们的间隙太大，虽然下芯方便，但型芯在芯座中的定位精度不高，甚至有可能使金属液流入间隙中，使铸件落砂和清理困难；如果间隙太小，下芯和合型操作比较困难，甚至有可能破坏砂型和型芯。

（2）芯体

芯体也就是型芯上用以形成铸件内腔的部分，它决定了铸件内腔的形状和大小。由于收缩，铸件内腔的尺寸要比芯体的尺寸略小。

（3）芯骨

芯骨制造型芯时，常在型芯中放入芯骨以增加其强度。芯骨埋在型芯内部，不影响型芯的形状和尺寸。较小的芯骨一般用铁丝制成，较大的芯骨用圆钢经成形或焊接的方法制成，也可用金属铸造而成，可反复使用。

（4）通气孔

通气孔在浇注过程中，必须迅速排出型芯中的气体以及由于包围在型芯周围高温金属液的作用而形成的气体，为此，须在芯头上开出通气孔。型芯的通气孔应有足够的尺寸与外面大气相通，不能堵死，否则达不到排气效果；另外，通气孔不能开到型芯的工作表面，否则会把气体排到型腔中，并且金属液也有可能堵死通气孔。

2. 造芯方法

造芯方法有芯盒造芯和刮板造芯，最常用的是芯盒造芯。图 2-8 所示为对开式芯盒造芯。对开式芯盒适用于制造圆柱形或对称形状的型芯，它的芯盒结构一般是对称分开的。采用对开式芯盒造芯的过程如下。

（1）把芯盒打扫干净，并使芯盒内壁干燥，如图 2-8（a）所示。

（2）用铁夹夹紧两半芯盒，并注意使之很好地吻合，如图 2-8（b）所示。

（3）向芯盒中加入 1/3 左右的芯砂并捣紧。

（4）向芯砂中插入芯骨，芯骨的位置要适中。

（5）向芯盒中填满芯砂并捣紧，刮去多余的芯砂，用通气针在型芯中扎出通气孔。

（6）松开铁夹，平放芯盒，用小锤轻击芯盒，使型芯与芯盒初步分离。

（7）将芯盒放在平板上，轻轻松开两半芯盒，脱出型芯，如图 2-8（c）所示。

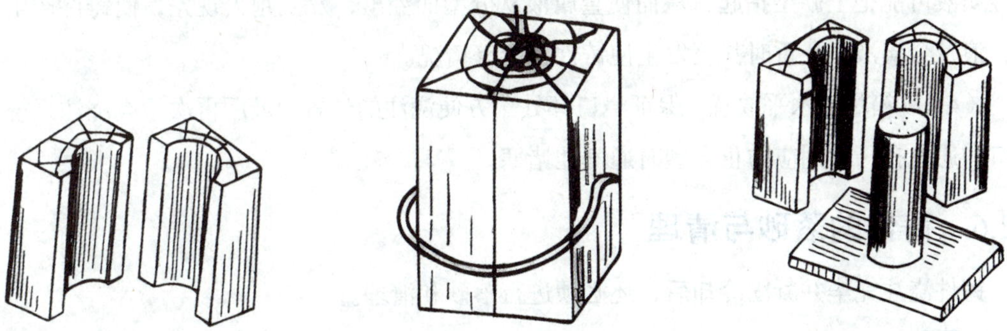

（a）芯盒结构　（b）夹紧芯盒　（c）脱芯

图 2-8　对开式芯盒造芯

可拆式芯盒适用于制造形状比较复杂的型芯，它由可拆开的芯盒和一些活块组成，其特点是操作比较复杂，型芯质量不易保证，生产率较低。

做好的型芯一般都要在其表面刷上涂料。

2.2.5　下芯与合型

1. 下芯

下芯是将型芯安放到型腔中去，并使其定位准确和牢靠。下芯时的注意事项如下。

（1）检查型芯表面是否有缺陷，芯头是否符合要求。由于型芯安放在型腔内部，不易观察和测量，型芯定位精度只能由芯头和芯座的配合及空间位置来确定。必要时，可用样板来校正型芯的位置。

（2）芯头和芯座应配合好，其间隙大小应合理。芯头与芯座的间隙用泥条或干砂封好，以防止金属液进入它们的间隙，造成铸件产生飞边或堵塞型芯通气孔。

（3）使型芯通气孔和砂型通气孔相通，保证型芯中的气体顺利排出型腔外。

2. 合型

合型是把两个或多个砂型在分型面处合在一起，形成一个与浇注系统和冒口相通的完整的型腔。合型的主要过程是把上、下箱叠合在一起，所以也叫合箱。合型是造型工艺的最后一道工序，相当于机械制造过程中的装配工序。如果合型不符合要求，即使砂型和型芯制造质量较高，同样也可以使铸件质量受损甚至报废。

合型时，应注意以下几点。

（1）注意检查浇注系统、冒口、通气孔是否通畅，把型腔内壁清理干净，并检查型芯的安装是否准确和稳固。

（2）合型时，要保证合型线对齐或定位销准确插进定位孔（槽）。

（3）用重物压紧上箱，或把上、下型夹紧，也可用螺栓把上、下箱固紧，否则浇注时金属液可能把上砂型抬起，从而使金属液从分型面溢出，发生跑火现象，使铸件产生飞边，浪费金属液，严重时甚至发生使铸件报废等情况。

（4）砂箱尽量水平放置，保证浇口杯处于方便浇注的位置，最后再次检查浇注系统、冒口和通气孔，特别应防止合型时通气孔堵塞。

2.2.6 铸件的落砂与清理

铸件浇注完毕并凝固冷却后，还必须进行落砂和清理。

1. 落砂

铸件凝固冷却到一定温度后，将其从砂型中取出，并从铸件内腔中清除芯砂和芯骨的过程称为落砂。有时为了充分利用设备和厂房，提高生产率，希望尽早取出铸件。但若铸件取出过早，因其尚未完全凝固而易导致烫伤事故，并且会使铸件产生裂纹、变形等缺陷，铸铁件还会因急冷产生白口而难以切削加工。铸件在砂箱内的冷却时间，应根据铸件的大小和冷却条件来确定。对于形状简单、质量小于 10 kg 的铸件，一般在浇注后 1 h 左右即可以落砂。

落砂方法有人工落砂和机械落砂两种。人工落砂是在浇注场地由人工用大锤、铁钩、钢钎等工具，敲击砂箱和捅落型砂，但不能直接敲打铸件本身，以免把铸件击坏。人工落砂生产率低、劳动强度大、劳动条件差，但不需特殊工具和设备，操作简便灵活，适用于单件小批量生产。机械落砂是利用机械方法使铸件从砂型中分离出来，常用的落砂机械有振动落砂机等。机械落砂方式能够减轻劳动强度，提高生产率，保护铸件表面，适用于大批量生产。

2. 清理

落砂后的铸件还应进一步清理，除去铸件的浇注系统、冒口、飞边和表面黏砂等，以提高铸件的表面质量。报废的铸件不需清理。

（1）浇注系统和冒口的清理

浇注系统和冒口与铸件连在一起，落砂后成为多余部分，需要清除掉。小型铸铁件的浇注系统和冒口可直接敲掉；铸钢件的浇注系统和冒口一般用氧气切割清除，也可用锯割切除；铝合金铸件的浇注系统和冒口一般用切削加工或锯割方式除去。要保证清除浇注系统和冒口时不伤及到铸件本身，否则有可能使铸件受损。

（2）铸件表面的清理

浇口和冒口去除后，铸件表面还有黏砂、飞边、浇冒口根部残迹等需要清理。对于单件小批量生产的铸件，可通过手工方式用钢丝刷、錾子、锤子、锉刀、手提式砂轮机等工具对铸件表面进行清理；对于复杂的铸件以及铸件内腔，常需用手工方式进行表面清理。手工清理方式劳动强度大、效率低，应逐步发展到用机械手或机器人来取而代之。

对于成批大量生产的铸件，常用的是滚筒清理、抛丸清理等机械清理方法。

滚筒清理适用于形状比较简单的小型铸件。当筒体转动时，滚筒内装载的铸件随之发生滚动，铸件相互间不断碰撞与摩擦，从而起到清理铸件内外表面的目的。

抛丸清理是利用高速旋转的叶轮将小弹丸高速抛射到铸件表面上，将黏附在铸件表面的黏砂、氧化皮等打掉。此方法清理效果好，生产率高，在生产中应用较广。

拓展阅读

砂型铸造的特点

砂型铸造具有以下特点。

（1）砂型铸造所用型砂来源广泛，价格低廉，铸模所使用的砂可重复使用。

（2）铸型制造简便，对铸件的单件生产、成批生产和大量生产均能适应；生产周期短，成本低，尤其是小批量或者单件生产。

（3）砂型铸造方法适应性强，不受零件形状、大小、复杂程度、金属种类的限制；钢、铁和大多数有色合金铸件都可用砂型铸造方法获得。

（4）缺点是铸模制作耗时，铸模本身不能被重复使用，须破坏后才能取得成品。

长期以来，砂型铸造一直是铸造生产中的基本工艺，在当今生产中也依旧是最广泛使用的一种方法。目前，在国际上全部铸件生产中，60 %～70 % 的铸件是用砂型铸造生产的。

砂型铸造较之其他铸造方法成本低、生产工艺简单、生产周期短，所以在铸造产业中应用越来越广泛，在未来铸造业中将会扮演越来越重要的角色。

2.3 消失模铸造

消失模铸造又称为实型铸造，其原理是用泡沫塑料制作的模样代替木模或金属模样，造型后不取出模样（砂型中没有空腔，故称实型），当浇入高温金属液时，泡沫塑料模样因受热汽化、燃烧而消失，金属液填充占据原来模样所具有的空间位置，经凝固冷却后即获得铸件。

在传统的砂型铸造中，造型时需从砂型中取出模样形成空腔进行浇注，并且砂型必须用具有黏结能力的型砂制作以保证型腔不会变形或溃散。由此会带来两个问题：一是起模和合型过程会造成铸型尺寸精度降低，影响铸件质量；二是使用含有黏结剂的型砂会使铸件的落砂清理相对困难，而且型砂回用时的处理过程较为复杂，并会对环境造成影响。而采用消失模铸造将可以有效地减少这些问题。

消失模铸造的工艺过程如图 2-9 所示。根据工艺特点，消失模铸造过程可以分为以下几个部分：①泡沫塑料模样的制作及组装部分，俗称“白区”；②涂料的制备及模样上涂料、烘干部分，俗称“黄区”；③造型、浇注、落砂清理及型砂处理部分，俗称“黑区”。

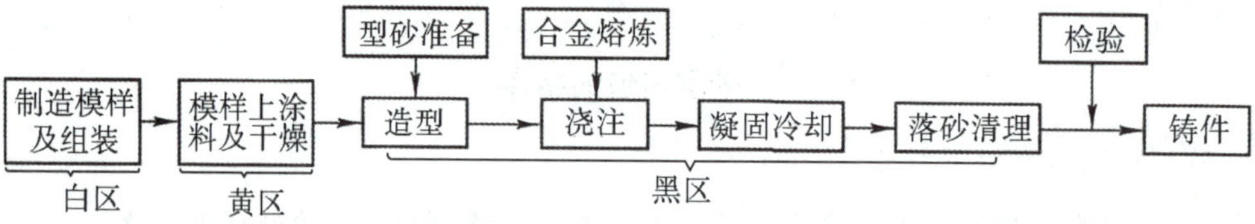

图 2-9 消失模铸造的工艺过程示意图

2.3.1 泡沫塑料模样及其制备

消失模铸造的第一步是制造泡沫塑料模样。泡沫塑料的种类很多，但能用于制造消失模铸造模样的却不多，常见的有聚苯乙烯（PS）、聚甲基丙烯酸甲酯（PMMA）和两者的共聚物等几种。其中，PS 价格便宜，应用最多；两者的共聚物性能较好，但价格较高。

泡沫塑料模样由发泡珠粒发泡而成，通常有两种制作方法：一种方法是通过模具直接将经过预发泡的珠粒发泡成铸件形状的泡沫塑料模样；另一种方法是采用合适的泡沫塑料板材或块材通过切割（用电热丝作为切割工具）、数控机床加工、粘接等方法将其制成铸件形状的模样。前一种方法制作的模样，其形状和尺寸精度更高，主要适用于中、小型铸件的大批量生产；后一种方法一般用于形状较简单、外形要求不高的铸件，以及生产大型铸件不便于使用模具直接发泡的情况。对于金工实习来说，采用后一种方法通常更为简便可行。

黏结用的黏结剂有热熔胶和冷黏胶等。热熔胶由于黏结效率高，黏结质量好，被广泛使用。应注意在保证黏结强度的情况下减少用胶量，因为胶与高温金属液接触会发生热解反应，生成的分解产物会影响铸件质量；还要注意黏结面要密闭，不能存在缝隙。

消失模铸造用的浇注系统也由泡沫塑料制成，并将其与铸件模样黏结在一起，形成模组。消失模铸造的浇注系统可以借鉴传统砂型铸造的浇注系统来设计，并进行适当的调整，尺寸一般要增大 15 % ～ 20 %。

2.3.2 消失模铸造涂料

模样和模组做好后必须在其表面涂上涂料并烘干。消失模铸造涂料对铸件质量有重要影响。首先，涂料烘干硬化后在泡沫塑料模样表面形成一层硬壳，它提高了泡沫塑料模样的强度和刚度，从而防止或减少模样在运输、填砂等操作过程中发生变形或破坏。其次，在浇注过程中，涂料层将金属液与干砂隔开，防止金属液渗入干砂中，以保证获得表面光洁、无黏砂的铸件。消失模铸造涂料一般由耐火材料（如硅藻土、滑石粉等）、黏结剂（如黏土、硅溶胶、水玻璃、淀粉、糊精等）、载体（水基涂料用水，快干涂料可用乙醇、汽油等）、悬浮剂（如膨润土、凹凸棒土等）及其他添加物组成。

由于消失模铸造涂料成分复杂，需通过充分搅拌，形成均匀的涂料体系，才能发挥各成分的作用，达到综合性能最佳。涂料的涂覆方式一般有刷、浸、喷、淋四种。对于批量大的中小件，一般采用浸涂法。浸涂时最好在涂料搅拌状态下操作，选择好模样浸入涂料的合适角度，防止浸入时用力过大，破坏泡沫塑料模样。

2.3.3 造型与浇注

消失模铸造的型砂有以水玻璃或树脂为黏结剂的自硬砂和无黏结剂的干砂。目前，应用较为普遍的是真空负压干砂（无黏结剂）造型法。

消失模铸造使用单一砂箱。造型时，先在砂箱底部填入部分干砂（砂层厚度一般为 100 mm 左右），然后放入上过涂料的泡沫塑料模样，继续在砂箱中填满干砂，填砂的同时进行振动紧实（采用三维微振紧实的效果最好），获得具有一定紧实度的铸型。在振动紧实后的砂型表面铺设一层塑料薄膜，然后通过砂箱的抽气室抽真空，造成型内负压，使砂型进一步受压紧实。浇注金属液的同时，继续抽真空保持型内负压，这样一方面有利于保持砂型的紧实度，防止铸型崩塌或冲砂；另一方面有利于泡沫塑料模样热解汽化产物的排出，便于将其集中收集后加以处理，以免其扩散到周围环境中造成污染。

在金工实习现场，如果没有振动紧实设备和抽真空装置，也可以利用普通砂箱和普通型砂（黏土砂或不含黏结剂的干砂）进行手工造型，边填砂边舂紧，紧实度可适当降低，同时要注意舂砂时不要使泡沫塑料模样变形或受到损坏。另外，无须进行起模和合型操作。

泡沫塑料模样的汽化是吸热过程，因此金属液充型时其温度将有所下降，所以消失模铸造的浇注温度一般比普通砂型铸造时高 30 ～ 50 ℃，如铸铝合金的浇注温度可在 720 ～ 800 ℃。在浇注初期应慢浇，以防止金属液反喷飞溅；浇注系统充满后应采用快浇，以保证充型速度。浇注结束待铸件凝固冷却后，即可落砂取出铸件。

2.3.4 消失模铸造的特点与应用

与传统的砂型铸造相比，消失模铸造具有以下特点：由于不需起模，不用型芯，不必合型，大大简化了造型工艺，降低了铸件生产成本，并避免了因下芯、起模、合型等引起的铸件尺寸误差和缺陷，铸件的精度明显提高；由于采用了干砂造型，节省了大量黏结剂，型砂回用方便，砂处理系统大为简化，旧砂等废弃物的排放也大为减少；由于不分型，铸件无飞边和毛刺，并且铸件极易落砂，使清理和打磨工作量大大减少，劳动条件得到改善。因此，消失模铸造也被认为是一项精确成形技术和绿色铸造技术。

消失模铸造可用于各类铸造合金，适合于生产结构复杂、难以起模或活块和外型芯较多的铸件，如模具、气缸头、管件、曲轴、叶轮、壳体、艺术品、床身、机座等。

2.4 铸造合金的熔炼与浇注

铸造合金的熔炼是一个比较复杂的物理化学过程。熔炼时，既要控制金属液的温度，又要控制其化学成分；在保证质量的前提下，尽量减少能源和原材料的消耗，减轻劳动强度，减少环境污染。比较常用的铸造合金是铸铁、铸钢、非铁合金，其中铸铁由于原材料丰富、价格便宜、铸造性能好、力学性能能满足一般要求而得到广泛应用。在一般工业生产和常用机器中，铸铁件占铸件总量的 70 % 以上。

2.4.1 铸铁的熔炼

熔炼铸铁的主要设备是电炉（感应电炉、电弧炉等）和冲天炉。传统上我国大多数生产厂家是用冲天炉来熔炼铸铁的，这是因为冲天炉具有制造成本低、操作和维护简便、可连续化铁、熔炼和生产率高的特点。目前，随着对铸造生产环保要求的日益提高，已有越来越多的工厂采用感应电炉作为铸铁的熔炼设备。

1. 感应电炉熔炼

（1）感应电炉的结构与工作原理

生产上常用的感应电炉有工频感应炉和中频感应炉两种。其中，工频感应炉使用的电流频率是常用的工业电源频率（50 Hz），中频感应炉使用的频率通常为 500 ～ 2 500 Hz。与工频感应炉相比，中频感应炉的功率密度大，生产灵活，变更熔炼材料的牌号较方便，炉体尺寸小，占地少，且不需要三相平衡和功率因数补偿装置，造价较低，因此得到了较广泛的应用。

感应电炉按炉体结构形式分为无芯（坩埚式）感应电炉和有芯（熔沟式）感应电炉两类。

（2）感应电炉熔炼的操作过程与特点

感应电炉熔炼的操作过程：烘炉→加炉料→通电熔化→炉前质量检验→铁液出炉。

采用感应电炉熔炼时，由于热量产生于炉料内部，并且存在对金属熔体的电磁搅拌作用，因而具有以下特点：热效率高，加热速度快，铁液出炉温度高；元素烧损少，铁液中的气体和夹杂物含量少；铁液的化学成分和温度较均匀；熔炼工艺稳定且易于控制等。感应电炉熔炼可以较多地或全部用废钢作为炉料，通过加入增碳剂的方法生产合成铸铁；可以充分利用各种废切屑和边角废料，熔炼中的氧化损耗较少；另外，熔炼时产生的烟气和粉尘较少，噪声较小，环保效果较好。

2. 冲天炉熔炼

（1）冲天炉的结构与工作原理

冲天炉是圆筒状竖式化铁炉。其上部设有烟囱和火花罩，主要的工作部位是炉身，冲天炉的加料、加热、熔化、送风等都是在炉身中进行的。鼓风机鼓入的空气经风口进入炉内，由下向上流动，供焦炭燃烧，产生热量，熔化铁液。熔化的铁液进入炉身底部的炉缸，再经过过桥进入前炉。前炉的作用：储存从炉缸过来的高温铁液，在前炉中铁液进行化学成分和温度的均匀化；同时铁液中的杂质浮出表面，形成炉渣，从前炉上的出渣口可除去炉渣。出铁时铁液从出铁口流入浇包。冲天炉的大小是以单位时间内能熔化多少质量的铁液来表示的，常用单位是 t/h。一般冲天炉的大小为 2 ～ 10 t/h。

（2）冲天炉的炉料与熔炼操作过程

冲天炉的炉料由金属炉料、燃料和熔剂三部分组成。金属炉料主要包括新生铁（即高炉生铁）、回炉铁（主要是从铸件上清理下来的浇口和冒口、报废铸件和回收的废旧铸件等）、废钢（主要是废旧钢材和切削加工钢材而产生的切屑）和铁合金（硅铁、锰铁等）。高炉生铁和回炉铁是炉料的主要部分，加入适量低碳的废钢可以调整铁液的含碳量；铁合金可用于调整或补偿铁液的合金含量。冲天炉最常用的燃料是焦炭，其主要作用是为化铁提供所需的热量。对焦炭的要求是灰分、磷、硫等有害杂质含量低、发热量高。在铁液中加入熔剂，可以降低炉渣的熔点，提高炉渣的流动性，使其易于与铁液分离而浮到表面，从而顺利地从出渣口排出。比较常用的熔剂是石灰石（$CaCO_3$）和萤石（CaF_2）。熔剂的加入量一般是焦炭用量的 1/5 ～ 1/3。

冲天炉熔炼时的基本操作过程：炉料的准备→修炉并烘干→加底焦→加料（熔剂 / 金属料 / 层焦）→送风熔化→出渣和出铁→停风打炉。

2.4.2 铸钢的熔炼

与铸铁相比，铸钢铸造性能比较差，如钢液流动性比铁液流动性差，铸钢的收缩率比铸铁大得多。应用最广泛的铸钢是中碳铸钢。熔炼铸钢常用的是电弧炉和感应电炉。电弧炉炼钢是利用插入炉膛内的石墨电极通电后与金属炉料间发生电弧放电，产生热量而使炉料熔化；同时利用各种冶金反应对钢液进行化学成分调整和脱氧、脱硫的操作。与电弧炉炼钢相比，感应电炉炼钢具有加热速度快、钢液氧化烧损较小、吸收气体较少等特点。但感应电炉炼钢中炉渣的化学性质不够活泼，不便于通过冶金过程进行脱硫、脱磷等操作。

2.4.3 非铁合金的熔炼

铸造非铁合金最常见的是铜合金和铝合金，由于铝合金比铜合金熔点低，价格便宜，应用较广泛，故下面主要介绍铝合金的熔炼。

熔炼铝合金的金属料是铝锭（由炼铝厂从矿石中提炼生产），另外还有废铝、回炉铝、其他合金等，辅助材料有熔剂、覆盖剂等。铝合金的化学性质比较活泼，在熔炼时极易发生氧化反应生成 Al_2O_3，而铝的氧化物和铝合金液的密度相近，故难以将其除去；铝合金在高温时，还易吸收氢气，当温度超过 800 ℃时，吸气性更大，从而使铝合金铸件易形成气孔、夹杂等缺陷，因此铝合金的熔炼温度最好不超过 800 ℃。

目前熔炼铝合金最常用的设备是电阻坩埚炉。为了获得优良的铝合金铸件，熔炼铝合金时，需进行以下操作。

1. 清理各种炉料

由于铝合金容易发生化学反应，在表面形成各种杂质；另外废铝和回炉铝表面常残留油污、黏砂等，如果这些杂质进入铝液，就很难清理干净。因此，熔炼前要仔细清理各种炉料，并将炉料烘干，以除去其中水分。

2. 坩埚及熔炼用具表面上涂料并预热

坩埚及熔炼用具表面上涂料并预热目的是避免与铝合金熔液接触产生各种反应，从而改变合金的化学成分。

3. 精炼

精炼目的是去除合金熔液中处于悬浮状态的非金属夹杂物、金属氧化物和铝合金液中的气体。常用的方法：当铝料熔化后，立即在合金熔液面上撒一层熔剂，使合金熔液在熔剂覆盖层下面进行熔炼，常用的熔剂是 NaCl、NaF、Na_3AlF_6 等。如果对铝合金铸件要求比较高，可在铝合金熔液中加入氯化锌（$ZnCl_2$）、六氯乙烷（C_2Cl_6）等，或者吹入不溶于铝合金熔液的气体，如氯气（Cl_2）、氮气（N_2）等，它们会在熔液中产生大量气泡，在其上浮过程中带走熔液中的杂质和气体，提高熔液的纯净度。

铸造铝合金由于熔点低，故浇注温度不高，对型砂耐火度要求低，可采用较细的型砂造型，以提高铸件表面质量；由于其流动性好，充型能力强，可浇注较复杂的薄壁铸件。

2.4.4 浇注

1. 浇注工具

浇注的主要工具是浇包，按其容量可分为以下几种。

（1）端包。其容量在 20 kg 左右，用于浇注小铸件。其特点是适合一人操作，使用方便、灵活，不容易伤着操作者。

（2）抬包。其容量为 50 ～ 100 kg，适用于浇注中、小型铸件。抬包至少要有两人操作，使用也比较方便，但劳动强度大。

（3）吊包。其容量在 200 kg 以上，用起重机装运进行浇注，适用于浇注大型铸件。吊包有一个操纵装置，浇注时，能倾斜一定的角度，使金属液流出。吊包可减轻工人劳动强度，改善生产条件，提高劳动生产率。

2. 浇注工艺

（1）浇注方法与操作

浇注是指把熔炼后符合要求的金属液注入铸型的过程。浇注过程是在造型、造芯、合型、开炉熔炼金属液后进行的，若浇注方法不当，也会引起多种铸造缺陷。浇注操作主要过程如下。

① 做好准备工作。铸型应尽量靠近熔化炉并集中整齐排放，铸型之间的人行道和运输线路应保持畅通，要有足够的操作空间；注意室内通风，操作者应穿戴好劳保用具；准备好浇注工具并清理干净，浇注工具要保持干燥，以免引起金属液飞溅；估算出一个铸型所需金属液的量和一批铸型所需金属液的总量，做到心中有数。

② 浇注时，金属液流应对准浇口杯，浇包高度要适宜。要一次浇满铸型，不能断断续续浇注，以防铸件产生冷隔现象。浇注时，应保持浇口杯充满金属液，否则熔渣会进入型腔。若型腔内金属液沸腾，应立即停止浇注，用干砂盖住浇口。型腔充满金属液后，应稍等一会儿，再在浇口杯内补浇一些金属液，在上面盖上干砂以保温，防止缩孔和缩松。

③ 铸件凝固后，要及时卸除压箱铁和箱卡，以减少铸件收缩阻力，防止产生裂纹。

（2）浇注温度

金属液浇注温度的高低，应根据合金的种类、生产条件、铸造工艺、铸件技术要求而定。如果浇注温度选择不当，就会降低铸件的质量，影响其力学性能。一般而言，若浇注温度过低，金属液的流动性就差，杂质不易清除，容易产生浇不足、冷隔和夹渣等缺陷；但若金属液温度过高，会使铸件晶粒变粗，容易产生缩孔、缩松和黏砂等缺陷，甚至会使铸件化学成分发生变化。表 2-1 为常用铸造合金的浇注温度。

表 2-1　常用铸造合金的浇注温度

合金名称	浇注温度 /℃		
	壁厚 22 mm 以下	壁厚 22 ～ 32 mm	壁厚 32 mm 以上
灰铸铁	1 360	1 330	1 250
铸钢	1 475	1 460	1 445
铝合金	700	660	620

确定浇注温度应从以下几方面综合考虑。

① 一般情况下，熔点高的合金，其浇注温度就高。

② 浇注薄壁零件时，要求金属液有较好的流动性，浇注温度应适当提高。

③ 对于铝合金等非铁合金，由于它们的晶粒大小对铸件力学性能的影响较大，并容易形成裂纹和吸气等缺陷，故宜用较低的浇注温度，但也不宜过低。

（3）浇注速度

浇注速度对铸件质量影响也较大。若浇注速度较快，金属液能更顺利地进入型腔，减少了金属液的氧化时间，使铸件各部分温度均匀、温差缩小，从而减少铸件的裂纹和变形，同时也提高了劳动生产率，但缺点是高速冲下来的金属液容易溅出伤人或冲坏砂型；若浇注速度较慢，铸件各部分的温差加大，容易使铸件产生裂纹和变形，也容易产生浇不足、冷隔、夹渣、砂眼等缺陷，并降低了劳动生产率。因此，应根据铸件的具体情况，合理选择浇注速度。通常，浇注开始时，浇注速度应慢些，以减少金属液对型腔的冲击，有利于型腔中的气体排出；然后浇注速度应加快，以防止冷隔和浇不足；浇注要结束时，浇注速度应减慢，以防发生抬箱现象。浇注速度由操作者根据经验而定。

浇注速度受到浇道最小截面面积的控制。在浇注系统中，内浇道截面面积常常是最小的，因此以内浇道截面面积为基准，根据浇注工艺的要求，按照一定的比例，可确定横浇道和直浇道截面面积的大小。确定浇道截面面积大小需考虑的因素较多，一般而言，合金的流动性越差，直浇道高度越低，铸件壁厚越薄，浇注温度越低，铸件质量越大，要求浇道截面面积越大。若以 S_1、S_2、S_3 分别表示内浇道、横浇道、直浇道的截面面积，当它们的关系为 $S_1 < S_2 < S_3$ 时，称其为封闭式浇注系统。对于中、小型铸件，一般取 $S_1 : S_2 : S_3=1.0 : 1.1 : 1.15$。

2.4.5 铸造合金熔炼时需要注意的安全问题

铸造合金熔炼涉及高温和金属液体的操作，因此在进行这一过程时需要极为重视安全问题。以下是在铸造合金熔炼时需要注意的一些安全问题。

1. 个人防护装备

穿戴适当的个人防护装备，包括防火服、安全帽、护目镜、耐热手套和防护靴等，以防止高温金属的溅射和热辐射。

2. 通风系统

确保有足够的通风设备，以将金属熔炉产生的有害气体和烟雾排除，防止其在工作区域内积聚。

3. 熔炉操作

（1）了解并遵守熔炉的安全操作规程，包括启动、停止和监控熔炉的正确程序。

（2）确保熔炉设备处于良好工作状态，及时修复任何设备故障。

4. 金属温度控制

控制金属的熔化温度，以确保在操作过程中不发生过热或燃烧。

5. 防火措施

（1）设置灭火器和其他灭火设备，并确保工作区域有足够的灭火器具。

（2）对于可能发生火灾的场所，要有明确的应急灭火计划。

6. 金属液体处理

（1）注意金属液体的流动性，避免液体溅射和飞溅。

（2）避免将湿物质投入金属液体中，以防引起剧烈气体放出。

7. 紧急情况处理

（1）制定和培训员工遇到紧急情况时的应急程序。

（2）确保所有从业人员了解紧急出口和安全集结点的位置。

8. 定期检查设备

（1）定期检查和维护熔炉设备，包括传感器、控制系统等。

（2）定期清理熔炉周围的杂物，确保工作区域的整洁。

9. 安全培训

对所有从业人员进行安全培训，使其了解金属熔炼过程中的潜在危险和安全操作规程。

10. 防护屏障

在可能的情况下，设置防护屏障，限制人员接触高温金属液体的区域。

确保在铸造合金熔炼过程中采取全面的安全措施，可以有效减少事故风险，保护工作人员的安全。

2.5 其他常用铸造方法

砂型铸造因其适应性强、灵活性大、经济性好，得到了广泛的应用，但它也存在以下缺点：铸件质量不高，如铸件尺寸精度低、表面较粗糙、内在组织不够致密、不能浇注薄壁件等；铸型只能使用一次，因此造型工作量大、生产率低；铸造工艺过程复杂，工作条件较差。针对这些问题，人们通过改变造型材料或方法，以及改变浇注方法和凝固条件等，从而发展出了砂型铸造以外的一系列的特种铸造方法。

2.5.1 熔模铸造

熔模铸造又称失蜡铸造。它是一种精密铸造方法，但其本质上还是类似于砂型铸造，只是模样材料和造型方法与砂型铸造有所不同。熔模铸造的工艺过程如图 2-10 所示。

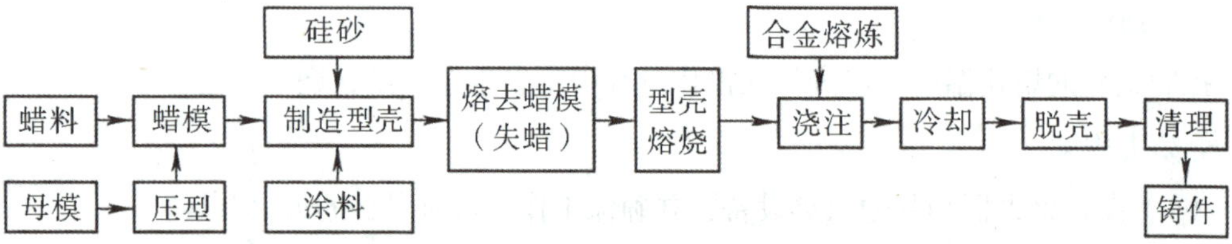

图 2-10 熔模铸造的工艺过程

熔模铸造的模样用易熔材料（如蜡料）制成，常用蜡料是由 50 % 石蜡和 50 % 硬脂酸混合而成的。压型是用来制造蜡模的工艺装备。熔模铸造的造型方法：将蜡模浸上涂料，取出后在其表面黏附上一层硅砂，再浸入硬化剂溶液使其硬化，如此重复多次而形成较厚的硬壳；然后熔去蜡模，所制成的铸型称为型壳。

熔模铸造适用于各种铸造合金，尤其适用于高熔点合金和难切削加工合金的复杂铸件的生产。其铸件尺寸精度和表面质量较高。

2.5.2 金属型铸造

将金属液浇注到金属材料制成的铸型中而获得铸件的方法，称为金属型铸造。由于金属铸型能重复使用成百上千次，甚至上万次，故又称永久型铸造。金属型一旦做好，则铸造的工艺过程实际上就是浇注、冷却、取出和清理铸件，从而大大地提高了生产率，也不占用太多的生产场地，并且易于实现机械化和自动化生产。

制作金属型的材料一般为铸铁和钢。金属型在浇注前先要预热，还须在型腔和浇道中喷刷涂料，这样可以保护金属型表面，并使铸件表面光洁。由于金属型无退让性，因此铸件宜早些取出，否则会产生很大的内应力，甚至裂纹。金属型比砂型散热速度快，故金属液的浇注温度应稍高于砂型铸造的浇注温度，以免产生浇不足等缺陷。

与砂型铸件相比，金属型铸件尺寸精确、表面光洁、加工余量小且组织细密，提高了铸件的强度和硬度。金属型铸造适用于大批量生产的非铁合金，如铝合金、铜合金等的铸件，有时也用于铸铁和铸钢件，一般不用于大型、薄壁和较复杂铸件的生产。

2.5.3 压力铸造和低压铸造

1. 压力铸造

压力铸造是在高压（5 ～ 150 MPa）下把金属液以较高的速度压入金属铸型，并且在高压下凝固而获得铸件的方法，简称压铸。压力铸造所用的设备称压铸机，它为金属液提供充型压力，多为活塞压射。压力铸造的铸型称压铸型，它安装在压铸机上，主要由定型、动型和铸件顶出机构等部分组成。

压力铸造的铸件尺寸精度高，表面粗糙度值小，加工余量小，甚至可不经机械加工而直接使用。压力铸造可铸出薄壁、带有小孔的复杂铸件，铸件组织细密，强度较高。由于是高压高速浇注充型，铸件冷却快，故压力铸造具有比其他铸造方法更高的生产率。压力铸造主要用于各类非铁合金中、小型铸件的大批量生产。

2. 低压铸造

低压铸造是在气体压力（0.02 ～ 0.06 MPa）作用下，使处于密封保温容器内的金属液自下向上沿着升液管和浇道平稳地进入上面的铸型中，并在此压力下凝固而获得铸件的铸造方法。因与压力铸造相比，其金属液充型压力较低，故称低压铸造。低压铸造的特点：金属液充型过程较平稳并且容易控制，从而避免了发生冲刷铸型和飞溅等现象；铸件组织比较致密，合格率高；劳动强度低，容易实现机械化和自动化。

低压铸造所用设备简单，所生产铸件的尺寸可较大，铸型可用金属型也可用砂型，主要适用于铝合金或镁合金铸件等的生产。

2.5.4 离心铸造

砂型铸造、金属型铸造、熔模铸造和压力铸造的铸型都是处于静止状态，铸件是在重力或压力下浇注和凝固冷却的；而离心铸造则是将金属液体注入高速旋转的铸型内，使金属熔液在离心力作用下凝固而获得铸件的方法。离心铸造的设备是离心铸造机，由它带动铸型旋转，根据旋转轴位置的不同，主要有立式和卧式两种。离心铸造的铸型多为金属型，也有用砂型的。

离心铸造的主要特点：由于离心力的作用，金属液在径向能很好地充填铸型；不需型芯就能形成圆孔，但内孔不准确，内表面质量较差；铸件的组织紧密，力学性能较好；可以生产流动性较低的合金铸件、双金属层铸件和薄壁铸件等；离心铸造的浇道很小或者不用浇道，可降低金属液消耗，节约生产成本。铸钢、铸铁和非铁合金铸件都可用离心铸造，尤其是各种管类、套类铸件等均普遍使用离心铸造。

其他铸造方法还有挤压铸造、陶瓷型铸造、连续铸造等。

拓展阅读

实型铸造

实型铸造又称汽化模铸造，是常用铸造方法的一种，它采用聚苯乙烯泡沫塑料汽化、燃烧而消失，金属液取代了原来泡沫塑料模所占的空间位置，冷却凝固后可获得所需的铸件。

实型铸造增大了铸件设计的自由度，简化了铸造生产工序，缩短了生产周期，提高了劳动生产率。实型铸造主要用于形状结构复杂、难以起模或活块和外型芯较多的铸件。

2.6 铸造生产的质量控制与经济性分析

铸造生产的质量与经济性关乎到企业的生存与发展，因此对铸造进行质量控制和经济性分析是至关重要的。通过对铸造过程中的各个环节进行严格的质量监控，可以确保产品的质量达到标准，减少废品率，从而降低生产成本。同时，通过对铸造工艺的优化和改进，可以提高生产效率，缩短生产周期，进一步提升经济效益。因此，质量控制和经济性分析在铸造生产中具有举足轻重的地位，是企业提升竞争力和市场地位的关键手段。

2.6.1 铸件的常见缺陷

铸造工艺比较复杂，容易产生各种缺陷，从而降低了铸件的质量和成品率。为了防止和减少缺陷，首先应确定缺陷的种类，分析其产生的原因，然后找出解决问题的最佳方案。常见的铸件缺陷有气孔、缩孔、缩松、砂眼、渣孔、夹砂、黏砂、冷隔、浇不足、裂纹、错型、偏芯等见表 2-2，另有化学成分不合格、力学性能不合格、尺寸和形状不合格等。这些缺陷大多是在浇注和凝固冷却过程中产生的，主要与铸型、温度、冷却、工艺以及金属液本身特性等因素有关。有些缺陷是通过观察就可以发现的，也有的需通过专门的检验而查出。

表 2-2　铸件常见缺陷的特征及其产生的主要原因

缺陷名称和特征	图例	缺陷产生的主要原因
气孔：分布在铸件表面或内部的孔眼，内壁光滑，形状为圆形或梨形等	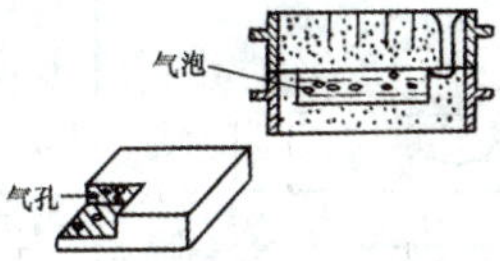	1. 型砂水分过多； 2. 舂砂过紧或型砂透气性差； 3. 通气孔阻塞； 4. 金属液含气过多，浇注温度太低
砂眼：形状不规则的孔眼，孔内充塞砂粒，分布在铸件表面或内部	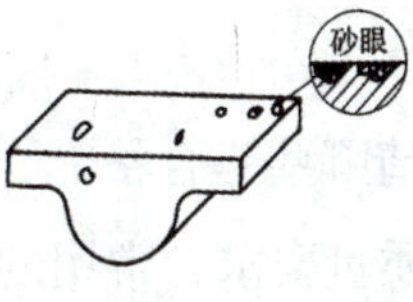	1. 型腔内有散砂未吹净； 2. 砂型或型芯强度不够，被金属液冲坏； 3. 浇注系统不合理，金属液冲坏砂型或型芯
渣孔：一般位于铸件表面，孔形不规则，孔内充塞熔渣	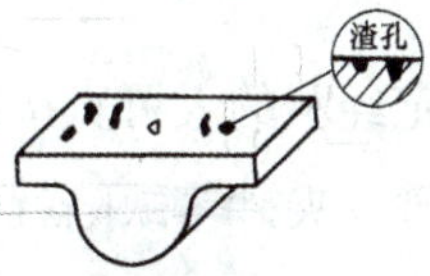	1. 浇注时，挡渣不良； 2. 浇注温度过低，熔渣不易上浮
缩孔：形状不规则、内表面粗糙不平的孔洞，多产生于厚壁处		1. 铸件结构设计不合理，壁厚不均匀； 2. 冒口太小或位置不合理； 3. 金属液温度太高
裂纹：热裂纹——形状曲折，表面氧化呈蓝色 冷裂纹——细小平直，表面无氧化	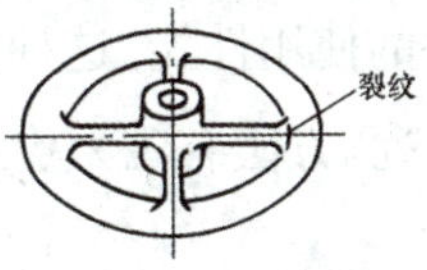	1. 铸件壁厚相差太大； 2. 铸型或型芯退让性差； 3. 浇注系统开设不当； 4. 铸件落砂过早或过猛
黏砂：铸件表面粗糙，黏附砂粒	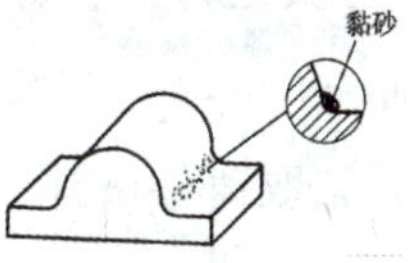	1. 金属液浇注温度过高或型砂耐火度差； 2. 砂型（芯）表面未刷涂料或刷得不够； 3. 舂砂太松
冷隔：铸件上出现因未完全融合而形成的缝隙或坑洼，交接处是圆滑的	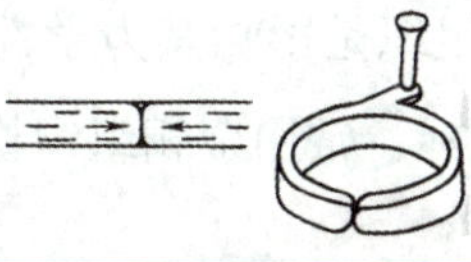	1. 金属液浇注温度过低或流动性太差； 2. 浇注时，断流或浇注速度太慢； 3. 浇道太小或位置开设不当
浇不足：金属液未充满型腔而使铸件不完整	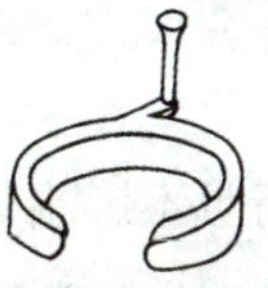	1. 金属液浇注温度过低； 2. 金属液流速太慢或浇注中断； 3. 铸件壁厚太薄； 4. 浇注时，金属液不够用
错型：铸件在分型面上发生错位而引起变形	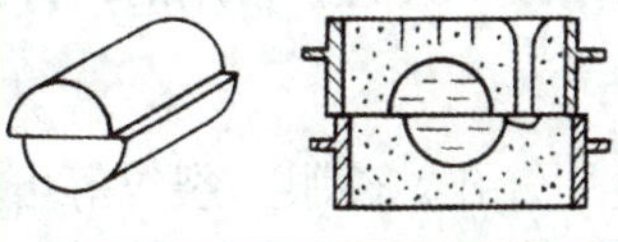	1. 上、下箱没对准或合型线不准确； 2. 上、下模样没对准

续表

缺陷名称和特征	图例	缺陷产生的主要原因
偏芯：型芯偏移，铸件内腔形状或孔的位置发生变化	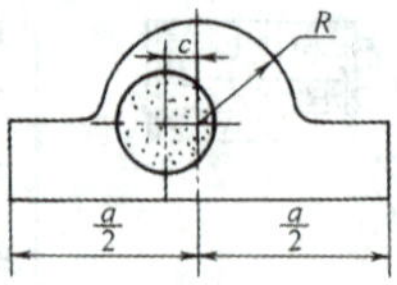	1. 芯座位置不准确； 2. 型芯变形或放偏； 3. 金属液冲偏型芯

2.6.2 铸件质量检验方法

所有铸件都要经过质量检验，以分清哪些是合格品，哪些是废品，哪些能经过修复变成合格品。检验的方法取决于对铸件的质量要求，常用的铸件检验方法有如下几种。

1. 外观检验法

铸件的许多缺陷在其外表面，有一定经验的人可直接发现或用简单的工具和量具就可发现，例如，冷隔、浇不足、错型、黏砂、夹砂等缺陷就可直接看出；对于怀疑表皮下有缺陷的铸件，可用小锤敲击检查，听其声音是否清脆来判定铸件是否有裂纹；用量具可检查铸件尺寸是否符合图样要求。外观检验法简单、灵活、快速，不需要很高的技术水平。

2. 无损检测法

无损检测是利用声、光、电、磁等各种物理方法和相关仪器检测铸件内部及表面缺陷，用这类方法不会损坏铸件，也不影响铸件的使用性能。这种方法设备投入大，检验费用较高，一般用于重要铸件的检验。常用的无损检测方法有磁力检测、超声波检测、射线检测等。

3. 理化性能检验

（1）化学成分检验。用来检验铸件材质是否符合要求，常用的方法是化学分析法和光谱分析法，有时也用最简单的火花鉴别法。

（2）力学性能检验。根据技术要求，制取铸件试样，在专用设备上测定材料的力学性能，如强度、硬度、伸长率等。

（3）金相组织检验。铸件的金相组织是影响其力学性能的重要因素，测定铸件的金相组织就能预知铸件大概的力学性能指标。常用金相组织检验方法是制取试样，然后用金相显微镜观察，并加以分析研究。

2.6.3 铸件缺陷的修补

对于某些有缺陷的铸件，在技术上可行且不影响其使用性能的前提下，可通过对铸件缺陷的修补，使其成为合格品，以尽量减少损失。常用的铸件修补方法有以下几种。

1. 焊接修补

铸件的常见缺陷如冷隔、浇不足、气孔、砂眼、裂纹等可进行焊接修补，常用的焊补方法是气焊和电弧焊，焊补部分可达到与铸件本体相近的力学性能。

2. 金属液修补

用高温金属液填补铸件缺损部位，使其恢复正常。

3. 金属堵塞修补

有些零件表面孔洞缺陷不宜进行焊补，可以在缺陷处钻孔，采用过盈配合，压入经过加工的圆柱形小棒，小棒的材质与铸件相同或相近，然后进行加工修整，这种方法称为金属堵塞修补。

4. 填腻修补

铸件的不重要部位及有装饰意义的部位表面上若有孔眼类缺陷，可配制腻子进行修补，比较常用的腻子由铁粉、水玻璃、水泥组成。修补时，清理干净要修补的部位，把腻子压入修平即可。

5. 浸渗修补

将胶状的浸渗剂渗入铸件的孔隙，使其硬化，与铸件孔隙内壁连成一体，将其填塞起来，达到堵漏的目的。

2.6.4　铸造生产的技术经济管理

在生产过程中，技术性和经济性相辅相成，缺一不可。在保证产品质量的前提下，从经济效益方面考虑，铸造生产中，应注重以下几方面。

（1）合理选择铸造方法。一般来说，砂型铸造生产成本低，但产品质量不易保证；而特种铸造生产成本高，但产品质量好。因此应综合考虑平衡得失，使用最佳方法。

（2）节省材料。铸造生产过程要消耗大量材料，包括一些贵重材料，节约材料是降低铸造生产成本的一项重要措施：①充分利用旧砂，合理使用新砂；②充分利用回炉料，如浇道、冒口、铸件废品；③估算好金属液的需要量，过多或过少都会造成浪费。

（3）尽量增大生产批量。对于小批量铸件应集中浇注，一般情况下，只有达到一定批量的铸件才值得开一次炉。

（4）降低废品率。要采取合理的技术和工艺措施减少铸件缺陷，某些有缺陷的铸件在不影响其使用要求的前提下可以修补，以减少废品数。

（5）缩短生产周期，提高劳动生产率。在铸造生产过程中，应注意减少不必要的环节，加强管理，提高工作效率，节约劳动时间，特别要避免不必要的失误和返工，提高生产设备和工装的利用率和使用寿命。

（6）加强管理，认真进行成本核算。

（7）严格检验每批铸件，把好质量关。管理好废品和次品，防止因其流入下道工序而引起新的经济损失。

拓展阅读

铸造的行业展望

铸件生产是机械制造业中一项重要的毛坯制造工艺过程，其质量和产量以及精度等直接影响机械产品的质量、产量和成本。铸造是机械制造工业毛坯和零件的主要供应者，在国民经济中占有极其重要的地位。

铸造产品在机械产品中所占的比例大，如机床占 60 % ～ 80 %，汽车占 25 %，拖拉机占 50 % ～ 60 %。它所生产出来的东西为各个行业、各类产品所应用，天上地上处处可见。

我国是一个铸造大国，无论是铸件的年产量，还是从业人员、企业数量已经位居世界首位。铸造业作为基础性产业，在我国装备制造业中占据重要地位，同时是石油化工、钢铁、纺织等支柱产业的基础。现阶段，我国铸造业正处在飞速发展的阶段，处于从铸造大国向铸造强国转型的阶段。

由于现今对铸造质量、铸造精度、铸造成本和铸造自动化等要求的提高，铸造技术向着精密化、大型化、高质量、自动化和清洁化的方向发展。

本章小结

本章主要介绍了铸造工艺的核心内容。首先介绍了铸造的基本概念；其次深入探讨了砂型铸造和消失模铸造的工艺特点，进一步讲解了铸造工艺的过程、特点和分类，还扩展了对其他常用铸造方法的认识；最后重点讨论了铸造生产中的质量控制与经济性分析。通过这些内容的学习，帮助读者全面理解铸造工艺，掌握不同铸造方法的适用性，并在实际生产中有效地控制质量和优化成本，为铸造领域的实践奠定坚实的基础。

课后思考

1. 通过本项目的学习，我懂得了：

（1）________________________________

（2）____________________

（3）____________________

2. 关于铸造的优缺点，我有以下新认识：

（1）____________________

（2）____________________

（3）____________________

3. 在现实生活中，我接触过以下的铸造技术：

（1）____________________

（2）____________________

（3）____________________

第3章 锻　压

本章导读

锻压技术是一种广泛应用于金属加工领域的技术。它通过施加外力，使金属材料发生塑性变形，从而获得所需的形状和性能。锻压技术主要包括自由锻、模锻、冲压和挤压等方法。这些方法各有特点，适用于不同的生产需求和工件类型。本章将深入探讨金属加工领域中的锻压技术，涵盖从基础概念到具体工艺的各个方面。

学习目标

◎知识目标

1. 了解锻压的基本常识。
2. 了解金属加热的目的和缺陷。
3. 了解粉末锻造工艺的特点。

◎技能目标

1. 掌握自由锻、模锻、胎模锻的工艺方法。
2. 掌握常用冲压工序。
3. 掌握粉末冶金和粉末锻造的工艺方法。

◎素质目标

1. 提升学生对锻压的整体认知。

2. 增强学生对锻压相关知识技能的学习研究意识，拓宽金工知识框架。

◎思政目标

通过锻压相关知识技能的学习，不仅可以提高学生的专业技能，还能培养学生对社会的责任感，使其认识到锻压工作对社会的贡献，从而注重社会公益，积极参与相关社会活动。

3.1　锻压概述

锻压是锻造与冲压的总称，它是对金属材料施加外力作用，从而得到具有一定形状、尺寸和力学性能的型材、零件的加工方法。

锻压

3.1.1　锻压工艺及其特点

锻压工艺应用广泛，锻压车间如图3-1所示。经过锻造成形后的锻件，力学性能得到提高，因此通常作为承受重载或冲击载荷的零件。冲压通常是用来加工具有足够塑性的金属材料或非金属材料。压制品具有质量小、刚度好、强度高、互换性好、成本低等优点，冲压生产过程易于实现机械自动化，生产率高。

图3-1　锻压车间

锻压属于压力加工范畴。锻造是在加工设备及工（模）具的作用下，通过金属体积的转移和分配，使坯料产生局部或全部的塑性变形，以获得具有一定形状、尺寸和质量的锻件的加工方法。按所用的设备和工（模）具的不同，锻造可分为自由锻造、胎模锻造和模型锻造等。根据锻造温度不同，锻造可分为热锻、温锻和冷锻三种。其中热锻应用最为广泛。

经过锻造成形后的锻件，其内部组织得到改善，如气孔、疏松、微裂纹被压合，夹杂物被压碎，组织更为致密，从而使力学性能得到提高，因此通常要承受重载或冲击载荷的零件，如齿轮、机床主轴、曲轴、发动机蜗轮盘、叶片、飞机起落架、起重机吊钩等都是以锻件为毛坯加工的。

用于锻造的金属必须具有良好的塑性，以便在锻造时获得所需的形状而不破裂。常用锻压材料有各种钢、铜、铝、钛及其合金等。金属的塑性越好，变形抗力越小，其可锻性越好，因此，塑性较好的材料才能用于生产锻件，如钢和非铁金属等。低碳钢、中碳钢具有良好的塑性，是生产锻件常用的材料。受力大或要求有特殊物理、化学性能的重要零件需要用合金钢制造，而合金钢的塑性随合金元素的增多而降低，锻造高合金钢时易出现锻造缺陷。锻造用钢有钢锭和钢坯两种类型。大中型锻件一般使用钢锭，小型锻件则使用钢坯。钢坯是钢锭经轧制或锻造而成的。锻造钢坯多为圆钢和方钢。

冲压包括冲裁、拉伸、弯曲、成形和胀形等，属于金属板料成形。

锻压作为一种金属加工工艺，其特点包括下以几点。

（1）塑性变形。锻压是通过对金属材料施加压力，使其发生塑性变形，从而改变其形状和尺寸。

（2）提高强度。锻压可以显著提高金属材料的强度和硬度，使其具有更好的机械性能。

（3）改善内部组织。锻压过程中，金属的晶粒结构发生变化，有助于改善内部组织，提高材料的均匀性和韧性。

（4）精密加工。锻压可以实现对金属材料精确的形状和尺寸控制，从而获得高精度的工件。

（5）节约材料。与其他加工方法相比，锻压通常能够更有效地利用原材料，减少废料产生。

（6）高效生产。锻压是一种高效的生产工艺，适用于大规模生产和批量生产。

总体而言，锻压是一种广泛应用于制造业的加工方法，可以满足对材料强度、精度和性能要求较高的需求。

3.1.2 锻压的安全注意事项

锻压是一种通过应用压力将金属材料塑形的加工工艺。在进行锻压操作时，需要特别注意安全事项，以确保工作人员和设备的安全。以下是一些锻压时需要注意的安全事项。

1. 个人防护装备

（1）穿戴适当的个人防护装备，包括安全帽、防护眼镜、防护耳罩、防护手套和耐磨鞋等。

（2）针对特定的锻压操作，可能需要额外的防护装备，如防火服或耐热服。

2. 设备检查与维护

（1）定期检查锻压设备的工作状态，确保所有机械部件和控制系统正常运行。

（2）及时修复设备故障，防止因设备问题导致事故。

3. 工作区域清理

（1）保持工作区域的清洁，避免杂物和障碍物影响操作和移动。

（2）清理掉可能导致滑倒、绊倒或其他安全问题的物品。

4. 机械操作注意事项

（1）遵循正确的机械操作程序，确保设备在正常工作范围内操作。

（2）注意机械部件的运动轨迹，防止手部或其他身体部位进入危险区域。

5. 工作区域标识

（1）使用标识和标志，清晰标明危险区域、应急出口和安全设备的位置。

（2）针对不同的锻压操作，设置适当的警告标志。

6. 操作人员培训

（1）对操作人员进行全面的培训，使其了解锻压操作的安全要求和规程。

（2）强调正确的工作姿势和操作技巧，以减少受伤风险。

7. 紧急停车装置

确保设备配备紧急停车装置，以便在紧急情况下迅速停止机械运动。

8. 定期检查工装和模具

定期检查和维护工装和模具，确保其完好无损，避免因损坏导致事故发生。

9. 高温处理注意事项

针对高温锻压操作，采取防热措施，如远离熔炉和使用耐热防护装备。

10. 紧急救援计划

制订并培训紧急救援计划，确保在发生事故时能够迅速而有效地进行救援。

锻压操作是一项高风险的工艺，因此安全是至关重要的。通过遵循安全标准、定期培训和维护设备，可以降低事故风险，保障工作人员的安全。

3.2 金属的加热及锻件的冷却

金属的加热及锻件的冷却技术是金属加工过程中至关重要的环节。通过精确控制加热温度和冷却速率，可以显著改善金属材料的力学性能、组织结构和表面质量。

3.2.1 加热的目的

锻压前加热金属材料，目的是提高其塑性，降低变形抗力，即改善金属的锻造性，以利于金属变形。对锻造生产而言，加工前的加热尤为重要。

加热能提高金属的锻造性。但若加热不当，不仅造成消耗增大，且影响产品的质量，严重的甚至造成废品。

3.2.2 加热的缺陷

加热时可能出现的缺陷：氧化、脱碳、过热、过烧和心部裂纹。

1. 氧化和脱碳

氧化和脱碳是加热过程中钢材表层和加热气氛中的氧化性气体发生化学反应的结果。金属被氧化会造成金属损耗，所产生的氧化皮会导致工具磨损，还可能在锻造过程中被压入坯料表面，形成锻造裂纹。表层的碳被氧化造成碳的烧损，称为脱碳。脱碳使钢表层含碳量下降，并导致表层的强度、硬度下降。

对于表面质量要求高的产品，可考虑采用少、无氧化加热，以减轻或避免氧化、脱碳带来的危害。

2. 过热和过烧

一般把金属由于加热温度过高或高温下保持时间过长引起晶粒粗大的现象，称为过热。过热的材料强度和塑性都会下降，而冲击韧度下降得更为明显。

加热温度超过始锻温度过多，使晶粒边界出现氧化及熔化的现象称为过烧。过烧的坯料一经锻打就会碎裂。

防止过热和过烧的方法是严格控制最高加热温度，并尽量缩短坯料在高温下的停留时间。

3. 心部裂纹

大型锻件和导热性较差的高合金钢坯料加热时，如果装炉温度过高或加热速度过快，则坯料表层和心部温差较大并进而引起热应力，表层的膨胀使坯料心部受到拉应力的作用，当此应力过大时坯料就会被拉裂。

防止产生心部裂纹的主要措施是低温装炉，缓慢加热，以避免坯料内部出现大的温差。

3.2.3　锻造的温度范围

坯料加热时允许的最高加热温度称为始锻温度。锻造时坯料温度逐渐降低，锻造性也随之变差。为减轻锻造生产的困难，防止出现裂纹，当温度下降到一定程度时，就应该停止锻造。此应该停止锻造的温度称为终锻温度。始锻温度和终锻温度间的温度区间称为锻造温度范围。常用钢材的锻造温度范围见表 3-1。

表 3-1　常用钢材的锻造温度范围

材料种类	始锻温度 /℃	终锻温度 /℃	材料种类	始锻温度 /℃	终锻温度 /℃
低碳钢	1 200 ～ 1 250	800	低合金工具钢	1 100 ～ 1 150	850
中碳钢	1 150 ～ 1 200	800	高速工具钢	1 100 ～ 1 150	900
碳素工具钢	1 050 ～ 1 150	750 ～ 800	铝合金	450 ～ 500	350 ～ 380
合金结构钢	1 100 ～ 1 180	850	铜合金	800 ～ 900	650 ～ 700

加热时，金属材料的温度可用仪表测量。生产中，多用看火色（即坯料的颜色）的方法来粗略估计，如钢在 1 200 ℃时，呈淡黄色；1 000 ℃时，呈橘黄色；800 ℃时，呈樱红色。

3.2.4　加热炉

实际生产中使用的加热炉，根据其所用能源和结构形式的不同，可以有多种分类。目前我国使用较广的是火焰反射炉，如图 3-2 所示。

图 3-2　火焰反射炉

火焰反射炉用烟煤作燃料，燃料在燃烧室内燃烧，高温炉气（或火焰）越过火墙经炉顶反射到加热室中对坯料进行加热。其加热室的最高温度可达 1 350 ℃。

火焰反射炉热效率较高，燃料消耗较少，加热速度也较快。它用火墙将燃料和坯料分隔开来，坯料加热较为均匀，但结构较为复杂。

除传统的火焰反射炉外，现在广泛使用重油炉、煤气炉和电阻炉。这些加热炉只有一个加热室，所以结构比较简单，热效率也高。但若用重油、煤气作燃料时，须先将重油、煤气雾化，附加设施较多；用电加热，则生产成本较高。

电阻炉加热温度和炉气成分均易于控制，加热质量好，主要用于加热质量要求高的产品。

3.2.5 锻件的冷却

锻制好的锻件还必须进行正确的冷却，才能保证产品质量。冷却方式有以下三种。

（1）空冷。在无风的空气中，放在干燥的地面上冷却。

（2）坑冷。放入充填有炉灰、砂子或石灰等保温材料的坑中以较慢的速度冷却。

（3）炉冷。锻制完成后，立即放入 500 ～ 700 ℃的加热炉中，随炉缓慢冷却。

通常，碳素结构钢和低合金结构钢的中、小型锻件采用空冷，高合金钢一般采用冷却速度较慢的坑冷或炉冷，以防止表面硬化及可能出现的表面裂纹。

拓展阅读

锻件冷却过程中需要注意的问题

锻件冷却过程是锻造工艺中的重要环节，直接影响到锻件的质量和性能。在锻件冷却过程中，需要注意以下几个问题。

（1）冷却速率控制。控制锻件的冷却速率，避免过快或过慢的冷却。过快的冷却可能引起裂纹，而过慢的冷却可能导致组织不均匀。

（2）冷却介质选择。选择适当的冷却介质，通常使用水或油。不同的冷却介质会影响锻件的硬度和组织结构。

（3）温度监控。在冷却过程中进行温度监控，确保锻件在适当的温度范围内冷却。过高或过低的温度都可能引起问题。

（4）均匀冷却。确保锻件能够均匀地冷却，避免产生温度梯度过大的情况。不均匀冷却可能导致变形或内部应力。

（5）避免急冷急热。避免使用急冷急热的处理方式，以免引起应力集中和锻件的变形或开裂。

（6）防止气体包裹。在冷却过程中，确保锻件表面没有气体包裹。气体包裹可能导致内部缺陷。

（7）适当的冷却时间。确保锻件在适当的冷却时间内完成冷却过程。冷却时间不足可能导致组织不稳定，而过长的冷却时间可能影响生产效率。

（8）防止过冷现象。避免锻件在冷却过程中过度冷却，以免引起冷脆性。在适当温度范围内控制冷却。

（9）处理冷却后的表面。注意冷却后锻件的表面处理，可能需要进行淬火、回火等热处理，以获得所需的性能。

（10）冷却设备维护。定期检查和维护冷却设备，确保其正常工作。故障的冷却设备可能导致不良的冷却效果。

（11）环境温度和湿度。考虑环境温度和湿度对冷却过程的影响，确保在适宜的环境条件下进行冷却。

通过合理的冷却控制，可以提高锻件的机械性能和耐磨性，确保其质量达到设计要求。

3.3 自由锻、模锻和胎模锻

自由锻、模锻和胎模锻技术是金属加工领域中常见的三种锻造方法。它们各有特点和应用范围，广泛应用于机械制造、汽车、航空等行业。下面将详细介绍这三种技术。

3.3.1 自由锻

只用简单的通用性工具，或在锻造设备的上、下砧间直接使坯料变形而获得所需的几何形状及内部质量的锻件的方法称为自由锻。

自由锻有手工自由锻和机器自由锻之分。手工自由锻是最原始的锻造生产方法，它靠人力利用大锤及其他辅助工具使坯料成形。劳动强度大，生产率低，目前已极少采用。机器自由锻利用机器产生的冲击力或压力使坯料变形，是自由锻的基本方法。

自由锻使用的工具简单，操作灵活，但是，锻件的精度低，生产率低，工人劳动强度大，所以，只适用于单件和小批生产。自由锻适用于锻造各种重量的锻件，对于大型锻件，它几乎是唯一的锻造方法。

1. 自由锻设备

机器自由锻所用的设备有产生冲击力的空气锤和蒸汽—空气自由锻锤以及产生静压力的水压机等，其中以空气锤应用最为广泛。

空气锤由压缩气缸内的压缩活塞把空气压入工作缸的上部，使工作活塞带动锤头和上抵铁下击，迫使坯料变形；压缩活塞下降时，把空气压入工作缸的下部，使工作活塞连同锤头上升。

通过手柄或踏杆的控制，能实现锤头的上悬、连续打击、单次打击和压紧等动作。

空气锤的规格是以落下部分（包括工作活塞、锤杆与锤头）的重量来表示的。常用的空气锤为 45 ～ 750 kg。空气锤只适用于小型锻件的生产。

水压机是依据帕斯卡原理工作的。它通过高压水带动活动横梁上下运动，并产生很大的静压力使坯料变形，完成自由锻造。其规格是以它能产生的最大变形力来表示的，如 6 000 kN（600 t），12 000 kN（1 200 t）等。

水压机锻造时，静压力作用时间长，有充足的时间把变形力传至坯料心部，有利于把锻件锻透，且它在活动横梁的整个工作行程中都可以用最大变形力工作，故其能力的发挥不受坯料尺寸的限制。水压机工作时振动小，劳动条件好，对设备和厂房的地基要求也低。

但水压机主体结构庞大，还必须另外配备相关设施，因而整个系统造价较高。同时，水压机工作速度较慢，受坯料散热的限制，一般不适于锻造小件。

通常，中、小型锻件用蒸汽—空气自由锻锤生产，而大型锻件采用水压机生产。

2. 自由锻工序

自由锻造时，锻件的形状是通过一系列的变形工序，逐渐得到的。

自由锻的基本工序有镦粗、拔长、冲孔、弯曲、扭转、错移和切割等，其中最常用的是镦粗、拔长和冲孔，自由锻工序的示意图和工艺要点见表 3-2。

表 3-2　自由锻工序示意图和工艺要点

名称	示意图	工艺要点
镦粗	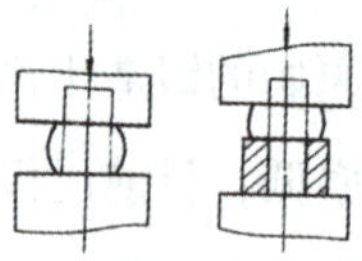	1. 圆形截面坯料的高径比（局部镦粗时为变形部分的高径比）小于 2.5 ～ 3；方形截面坯料的高度与较小基边之比小于 3.5 ～ 4； 2. 一旦出现镦弯或镦歪，必须及时纠正，否则会产生折叠或裂纹
拔长	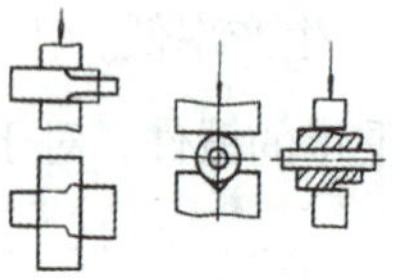	1. 坯料的下料长度应大于直径或边长； 2. 拔长过程中应边锻打边翻转边送进； 3. 拔长圆杆件时，应先锻成方形，到接近所需直径时，锻成八角形，最后滚圆； 4. 拔长凹档或台阶前应先压肩
冲孔		1. 直径小于 30 mm 的孔一般不冲出； 2. 冲孔前，通常需将坯料镦粗，以使端面平整并减小冲孔深度； 3. 孔径小于 400 mm 时，用实心冲子冲孔；大于 400 mm 时，用空心冲子冲孔

3.3.2　模锻

模锻是利用模具使毛坯变形而获得锻件的锻造方法，模锻时由于模膛限制了金属的塑性流动，迫使金属充满模膛，从而获得和模膛形状及尺寸相符合的锻件。

和自由锻相比，模锻的产品形状较复杂，精度较高，表面粗糙度较低；而且生产率较高，生产条件也有所改善。但是，模锻设备造价较高，尤其是锻模的成本高、损耗大，生产中能耗也较大，生产准备周期长，故只适用于中、小型锻件的批量生产。

模锻可以在模锻锤上，也可以在摩擦压力机上，还可以在专用的机械压力机上进行。现在使用较多的是在模锻锤上模锻。

模锻件的成形是由坯料整体变形得到的，因而需要较大的变形力，这就对模锻设备有较高的要求。所以模锻锤的砧座重量比自由锻锤的砧座大得多，砧座和锤身也连成一个整体；同时，模锻锤的导轨较长，与锤头的配合也较精密，保证了模锻过程中上、下锻模的配合。

模锻时，坯料经一系列打击后成为锻件，而为了完成这些打击，就必须有相应的模膛。锻件的形状越复杂，模锻时所需的模膛就越多，锻模的尺寸就越大，结构也就越复杂。锻模还必须用具有较高的热硬性、耐磨性和耐冲击性能的热模具钢制成。

为了使锻件易于从模镗中取出，锻件与模膛侧壁接触部分所需带一定斜度。锻件上的这一斜度称为模锻斜度。模膛内所有转角处都应做成圆角，以利于金属充满模膛且防止由于应力过大使模膛开裂。

为了防止坯料不能完全充满模膛及上、下锻模直接碰击造成锻模损坏，模锻件下料时应使坯料的体积大于锻件的实际体积，终锻模膛的周边也应加工出容纳多余金属的飞边槽。锻造过程中，多余金属进入飞边槽，锻后再将锻件上的飞边切去。

模锻时，锻件的通孔不可能直接锻出，而必须留有一定厚度的冲孔连皮，以防止模膛凸出部位压塌，锻后再将其冲除。

锻件在切边和冲孔后通常还需经过正火或退火处理以及表面清理后才能成为最终的模锻件。

3.3.3 胎模锻

胎模锻是在自由锻设备上使用可移动的模具（称为胎模）生产模锻件的一种锻造方法。实际上，它是介于自由锻和模锻之间的生产方法。可以视为将模锻锻模的每个模膛部分单独做成一个胎模，根据锻制时的需要，将胎模放在下砧座上对坯料进行锻造，用完后取下，按变形顺序放上另一个胎模，继续锻造，直至完成锻件的生产。

在现代的工业生产中，已很少单独使用自由锻来生产锻件了，往往根据具体需要，在不同工序中灵活使用胎模锻制锻件。

胎模锻同时具有自由锻和模锻的某些特点，和模锻相比，不需昂贵的模锻设备，锻模制造成本较低，适应性强；和自由锻相比，锻件在模膛内最终成形，锻件表面质量和尺寸精度较高，力学性能较好，生产效率较高；因而，胎模锻为在自由锻设备上生产模锻件提供了有效途径。

胎模锻的工艺极为灵活，它既可以完全由胎模完成锻件的锻制过程，也可以用自由锻制坯，胎模最终成形来保证锻件的形状和尺寸；还可以根据锻件各部分的要求，有选择地对要求高的部位用胎模成形，而其他部位用自由锻成形。

胎模锻的主要缺点是模具寿命短，需用较大吨位的自由锻设备以及劳动强度大等。

胎模锻适用于小型锻件的中、小批量生产。

拓展阅读

专用锻造工艺概说

1. 摆动辗压

摆动辗压是20世纪60年代才得到推广应用的一种新的压力加工方法。摆动辗压，是利用一个带圆锥形的上模（也称摆头）对毛坯局部加压，并绕中心连续滚动的加工方法。辗压时，坯料在有摆角的上模旋转挤压下，连续局部变形，高度减小，直径增大，成为盘状或局部盘状锻件。

2. 辊锻

辊锻是毛坯在装有伞形模块的一对旋转的轧辊中通过，借助模槽，锻出锻件或锻坯。辊锻工艺常分为制坯辊锻和成形辊锻两类。辊锻工艺兼有锻和轧的特点。

辊锻产品精度高，表面粗糙度值小；锻件质量好，具有好的金属流线；锻辊连续转动，生产效率高；模具寿命长，所需设备吨位小；工艺过程简单，无冲击和震动；劳动条件好，易于实现自动化。

辊锻成形只适用于界面减小的变形工艺，不能使坯料直径增大，即只能用于生产长轴、长杆类锻件或毛坯。

3. 精密模锻

精密模锻是在普通模锻基础上逐步发展起来的一种少无切削锻造新工艺。精密模锻件的公差、余量约为普通模锻件的1/3左右，表面粗糙度 Ra 为3.2～1.6 μm，精度可达IT15～IT12。

精密模锻件具有下列优点：可节省大量机械加工工时，一般不需机械加工或只需少量机械加工就可装配使用；可节约大量金属材料；生产效率高，尤其对于某些形状复杂和难以用机械加工方法成批生产的零件（如齿轮、叶片、高肋薄腹板零件等），精密模锻件的金属流线能沿零件外形合理分布而不被切断，有利于提高零件的疲劳强度及抗应力腐蚀性能。

精密模锻是提高机械制造工业生产率的一种重要方法，也是锻压技术发展的一个重要方向。精密模锻虽然优点很多，但并不是在任何条件下都是经济的。这是因为精密模锻要求高质量的毛坯、精确的模具、少无氧化的加热条件，良好的润滑和较复杂的工序间清理等，所以所生产的零件只有达到一定的批量时才能大幅度地降低零件的总成本。

实现精密模锻的方法很多，有等温模锻、超塑性锻造、粉末锻造、温锻等特种锻压工艺，并可采用专用设备及专用模具。

4. 挤压

挤压是将金属毛坯放入模具型腔内，在一定的挤压力和挤压速度作用下，迫使金属从型腔中挤出，从而获得所需形状、尺寸以及具有一定力学性能的挤压件。

按毛坯温度不同有冷挤压、温挤压和热挤压，常用于制造零件的是冷挤压，冷挤压又称冷锻，属于少无切削的精密成形方法之一。其材料利用率高达90%，成形件的表面质量及尺寸精度高，工艺控制较严格，挤压力大，模具寿命较低。适用于塑性较好的材料。冷挤压广泛用于机械、仪表、电器、轻工、航空航天、船舶、军工等工业部门。

按挤压时金属流动与凸模运动方向的关系分为以下几种。

（1）正挤压。坯料轴向流动与凸模运动方向一致。

（2）反挤压。坯料轴向流动与凸模运动方向相反。

（3）正反复合挤压。上述两种挤压同时存在。

（4）径向挤压。坯料径向流动与凸模运动方向垂直。

5. 液态模锻

液态模锻是铸锻结合的一种工艺方法。该方法采用铸造工艺将金属熔化，精炼，并用定量浇勺将金属液浇入模具型腔，随后利用锻造工艺的加压方式，使金属液在模具型腔中流动充型，并在较大的静压力下结晶凝固，从而获得力学性能接近纯锻造锻件而优于纯铸造件的液态铸锻件的工艺方法。所以，液态模锻适用于生产形状复杂，性能、尺寸有较高要求的制件，如汽车轮圈、炮弹壳体、柴油机活塞等，是一种很有发展前途的新工艺。

3.4 冲　压

冲压是使板料经分离或成形而得到制件的工艺的统称。通常，冲压是在室温下进行的，所以习惯上又称为冷冲压。当板料厚度超过 8 ～ 10 mm 时，需采用热冲压。冲压可生产金属和非金属制品。

冷冲压可利用冷变形强化提高冲压件的强度和刚度。所以，冲压件虽然多是薄壁件，但在使用中也表现出较好的抗变形能力；而且冲压件具有较好的尺寸精度和表面质量，故一般不需进行切削加工或只需进行少量切削加工即可直接使用。

冲压生产设备比较简单，操作容易，生产率高，加工费用低，且容易实现机械化和自动化，其产品可大可小，因而得到了广泛应用。

3.4.1 冲压设备

冲压生产中常用的设备有剪板机、机械压力机和油压机。剪板机的作用是将板料按冲压件的实际需要剪裁成供冲压生产用的条形或块状坯料，如图 3-3 所示；机械压力机和油压机则用来完成冲压工作。油压机造价较高，使用和维修要求也高，一般中、小型企业多用机械压力机。机械压力机俗称冲床。

图 3-3　剪板机

剪板机和冲床都是利用曲柄（或偏心）连杆机构将回转运动转换为滑块的往复直线运动，带动安装在滑块上的刀刃或冲模完成剪切或冲压工作的。

工作时电动机不停地转动，操作者通过离合器控制滑块的运动。当离合器结合时，滑块连同固定在其上的刀刃或冲模下运动，完成冲压工作；离合器脱开时，制动器使滑块停留在最高位置，以便取料或送进坯料。

3.4.2　冲模

冲模是完成冲压工作必不可少的工艺装备。冲模结构在很大程度上决定着冲压件的质量、冲压生产的效率和安全程度。

常见的冲模按其结构特点分为简单模、连续模和复合模三类。

1. 简单模

简单模又称为单工序模，在压力机的一次行程中只完成一道冲压工序的冲模。这类模具结构简单，制造和调整方便，造价较低，通用性强，但生产率和产品的精度较低。多用于形状简单，精度要求不高的冲压件的小批量生产。

2. 连续模

连续模又称级进模，它是在条料的送料方向上，具有两个以上的工位，并在压力机一次行程中，在不同的工位上完成两道或两道以上的冲压工序的冲模。连续模生产率高，操作简单，且安全性较好，易于实现机械化和自动化，但结构复杂，造价较高，且坯料的定位精度要求高，多用于冲压件的大批量生产。

3. 复合模

复合模是只有一个工位，并在压力机的一次行程中同时完成两道或两道以上的冲压工序的冲模。复合模的结构紧凑、生产率较高、产品的尺寸精度和位置精度都较高，但制造复杂、造价较高、安全性不如连续模，多用于精度要求较高的冲压件的大批量生产。

3.4.3　常用冲压工序

冲压的工序较多，各种工序的区别主要表现在坯料的受力状况和变形特征上。冲压生产常用的工序及应用见表 3-3。

表 3-3　冲压生产常用工序及应用

名称	定义	示意图	应用
切断	将材料沿不封闭的曲线分离的一种冲压方法	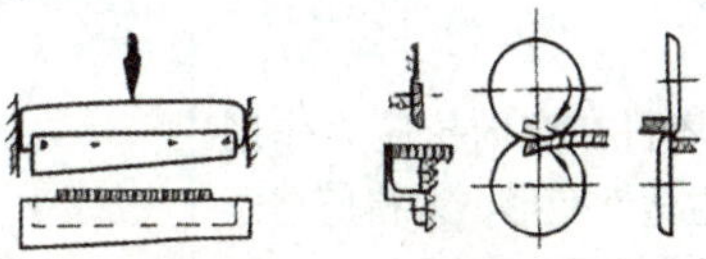 （a）斜刃剪切　（b）圆盘剪切	将板料剪成条状，块状，作为其他工序的毛坯
冲裁	利用冲模将板料以封闭的轮廓与坯料分离的一种冲压方法。利用冲载取得一定外形的制件或坯料的冲压方法称为落料。将冲压坯内的材料以封闭的轮廓分离开来，得到带孔制件的一种冲压方法。其冲落部分为废料，称为冲孔	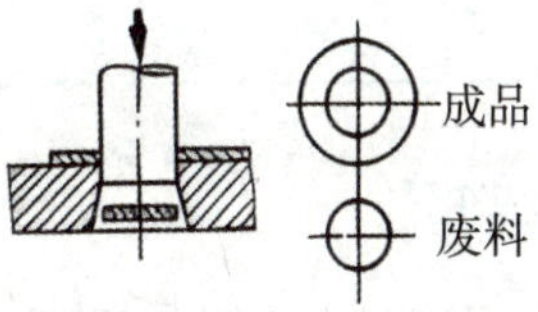 （a）　（b）	制造各种具有一定平面形状的产品或为后续变形工序准备毛坯

续表

名称	定义	示意图	应用
弯曲	将板料、型材或管材在弯矩作用下弯成具有一定曲率和角度的制件的成形方法	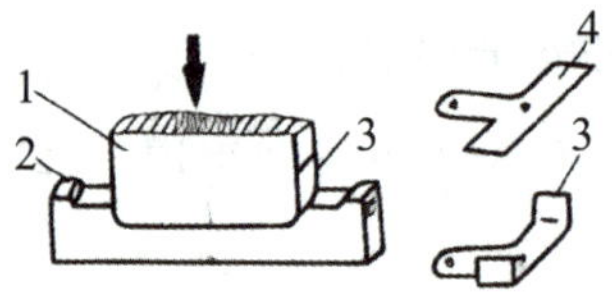 1- 凸模；2- 凹模； 3- 弯曲件；4- 坯料	制造各种形状的弯曲件
拉深	变形区在一拉一压的应力状态作用下，使板料（浅的空心坯）成形为空心件（深的空心件）而厚度基本不变的加工方法	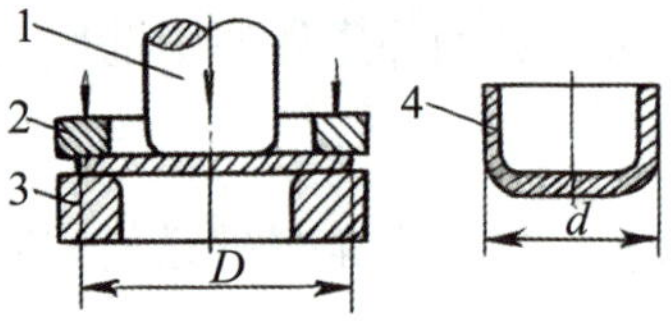 1- 凸模；2- 压板； 3- 凹模；4- 拉深件	制造各种形状的中空件
翻边	在毛坯的平面部分或曲面部分的边缘，沿一定曲线，翻起竖立直边的成形方法	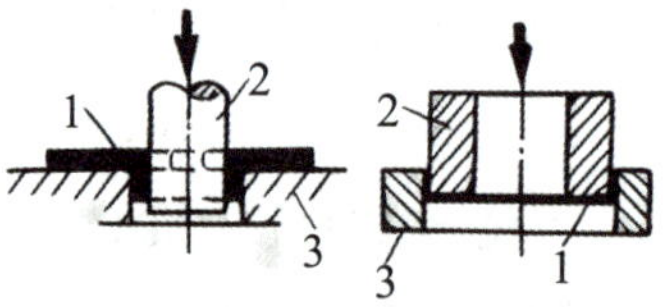 1- 翻边件；2- 凸模；3- 凹模	制造带凸缘或具有翻边的制件，以增加产品的刚度或美观
压肋	使坯料通过变薄形成局部凸起或凹下的部分	 1- 橡皮	制造突起的肋条，增加制件的刚度
胀形	坯料成空心坯料在双向拉应力作用下，使其产生塑性变形，取得所需制件的成形方法	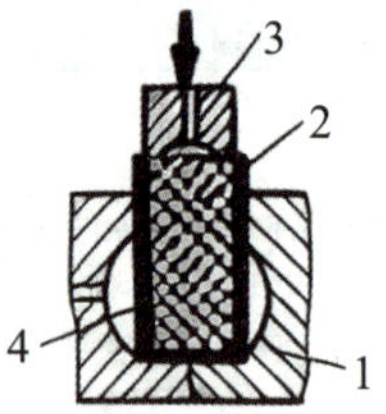 1- 可分凹模；2- 橡皮； 3- 凸模；4- 坯料	制造具有局部凸起的筒形件

3.4.4 冲压注意事项

冲压是一种通过金属板材在模具中受到冲击力而形成所需形状的加工工艺。在进行冲压操作时，需要注意以下几个关键的事项。

1. 个人防护

穿戴适当的个人防护装备，包括安全帽、护目镜、防护手套和防护靴。确保身体和面部受到足够的保护。

2. 设备安全

（1）定期检查和维护冲压设备，确保机械部件和安全装置的正常运行。

（2）在使用新模具或更改工艺参数之前，进行设备试运行和调整。

3. 模具检查

（1）在使用模具前进行检查，确保模具完好无损，无裂纹或磨损。

（2）确保模具的安装和固定牢固可靠，避免在操作中产生模具脱落的风险。

4. 材料选择

（1）使用符合规格要求的金属板材，确保其质量和适应性。

（2）遵循材料供应商提供的使用和处理建议。

5. 冲裁速度和压力

控制冲裁速度和压力，确保在可接受的范围内进行冲压，避免过度应力导致变形或损坏。

6. 冷却和润滑

（1）确保冲压模具和金属板材保持适当的冷却，以防止过热。

（2）使用适当的润滑剂，减少摩擦和延长模具寿命。

7. 操作员培训

对操作人员进行培训，使其了解冲压操作的安全要求、操作规程和紧急情况的处理方法。

8. 安全距离

在操作过程中，确保操作人员保持足够的安全距离，避免手部或其他身体部位进入危险区域。

9. 材料排放和处理

（1）定期清理冲压设备周围的材料残留物，防止堆积影响操作安全。

（2）安排合适的废料排放和处理措施，确保环保和工作场所清洁。

10. 紧急停车和急救

（1）设备应配备紧急停车装置，以便在紧急情况下迅速停止设备。

（2）建立紧急救援计划，确保操作人员知晓急救程序和设备的位置。

通过遵循这些注意事项，可以提高冲压操作的安全性，降低事故发生的风险，确保生产过程顺利进行。

3.5 粉末冶金及粉末锻造工艺

粉末冶金及粉末锻造工艺广泛应用于航空航天、汽车、机械、电子等领域。粉末冶金工艺的核心在于将金属粉末通过压制和烧结的方式制成零件。粉末锻造工艺则是在粉末冶金的基础上进一步发展起来的。它结合了传统锻造工艺的优势，通过在高温和高压下对金属粉末进行锻造，使零件具有更高的强度和更好的力学性能。

3.5.1 粉末冶金

粉末冶金是将金属粉末（或与非金属粉末的混合物），压制成形和烧结等形成各种制品的方法。它既是一种不需熔炼的制取金属材料的方法，又是一种精密、少无切削的制造零件的工艺方法。

粉末冶金的主要特点是无废料、生产率高、多数可省去切削加工。但成本高，强度也低于铸件和锻件。其可制造形状复杂、性能特殊、重量小于 10 kg 的零件，适合于批量生产。目前粉末冶金在机械制造业中常用来制造含油轴承、齿轮、凸轮、过滤器、刹车片和硬质合金刀具等。

近年来粉末冶金新工艺发展很快，除传统的模压成型外，相继出现了粉末注射成形（粉末冶金与塑料注射成形相结合）和喷射沉积（使雾化液滴处于半凝固态而沉积为预成形的实体）等工艺。现仅介绍机械行业用得较多的粉末锻造成形工艺。

3.5.2 粉末锻造工艺

粉末锻造工艺是粉末冶金成形法与精密模锻相结合的一种粉末锻造复合工艺。

粉末冶金锻造先通过机械粉碎法、雾化法、还原法等制粉方法将各种原材料制成金属或合金粉末，按照要求的粒度和组成进行混合，再将金属（或合金）粉末压制成型为预制坯，然后把预制坯放置有保护性气氛的烧结炉内烧结，烧结温度和烧结时间应严格控制，通常烧结温度为 1 000 ～ 1 200 ℃，接着放在封闭模膛内锻造成形。如齿轮、阀头、小型曲轴和连杆等均可通过粉末锻造工艺成为零件。其工艺流程如图 3-4 所示。

制粉（金属或合金粉末）→ 粉料混合 → 压制成形 → 烧结 → 加热 →

锻造（模锻）→ 热处理 → 机械加工 → 成品

图 3-4 粉末冶金锻造工艺流程

粉末锻造工艺的特点如下。

（1）材料利用率高，成本只有普通锻造的一半。

（2）尺寸准确、表面光洁，可达到少、无切削的目的。

（3）材质均匀、无各向异性、耐磨性好。

（4）可制造形状复杂的锻件，特别适用热塑性不良的材料。

拓展阅读

锻压在金工行业的地位

锻压是金工行业中一项重要的加工工艺,其在金属加工和成形领域具有显著的地位。以下是锻压在金工行业中的一些关键地位和作用。

（1）金属成形。锻压是一种通过对金属材料施加高压力和高温度，使其发生塑性变形的加工方式。这样可以在不改变金属材料化学性质的前提下，实现对金属形状和结构的控制。

（2）材料强化。锻压过程中，金属颗粒的流动和重新排列可以导致晶粒细化，从而提高金属的强度和硬度，改善其机械性能。

（3）高精度加工。锻压能够实现对金属工件的高精度成形，使得最终产品具有较高的尺寸精度和表面质量。

（4）节能环保。与传统的切削加工相比，锻压通常能够减少废料的产生，提高材料利用率，具有较好的节能环保效果。

（5）批量生产。锻压适用于批量生产，尤其是对于一些大批量、高强度要求的金属零部件，锻压是一种高效率的生产工艺。

（6）成本效益。锻压过程中可以减少后续的机械加工工序，降低生产成本。同时，由于材料得到有效利用，成本效益也得到提高。

（7）制造复杂零件。锻压可以制造形状复杂、结构繁复的零部件，满足一些特殊工程和产品的需求。

（8）航空航天和汽车工业。在航空航天和汽车制造领域，锻压常用于生产各种关键零部件，如发动机零部件、飞机结构件、车轮等。

总体而言，锻压作为金工行业中的一项重要工艺，对于提高金属制品的质量、性能和生产效率都具有显著的促进作用，因此在金工行业中占据着重要的地位。

本章小结

本章全面讲解了锻压工艺的主要内容。首先，了解了锻压的基本概念及其在制造业中的重要性；其次，探讨了金属加热和锻件冷却对工艺质量的影响，通过对自由锻、模锻和胎模锻三种锻造技术的详细分析；最后，介绍了不同锻造方法的特点和应用，冲压工艺的原理和工序，以及粉末冶金和粉末锻造工艺的最新发展和优势。通过本章的学习，帮助读者了解了关于锻压工艺的全面知识，使读者能够更好地理解和应用这些技术，为实践操作和未来研究奠定了坚实的基础。

课后思考

1. 通过本项目的学习，我懂得了：

（1）__________

（2）__________

（3）__________

2. 关于金属加热的缺陷，我有以下新认识：

（1）__________

（2）__________

（3）__________

3. 在现实生活中，我接触过以下方面的锻压技术：

（1）__________

（2）__________

（3）__________

第4章　焊　　接

本章导读

焊接技术是现代工业生产中不可或缺的一部分，它涉及到将金属或其他热塑性材料通过高温熔化的方式连接在一起。本章将对焊接技术进行全面的介绍，涵盖焊接的基本概念、主要焊接方法以及应用。

学习目标

◎知识目标

1. 了解焊接的定义及分类。
2. 了解焊接方法的特点及应用。

◎技能目标

1. 掌握手工电弧焊的工艺方法。
2. 掌握气焊和切割的工艺方法。
3. 熟悉埋弧焊、气体保护焊、电阻焊、钎焊等的操作方法。

◎素质目标

1. 提升学生对焊接的整体认知。
2. 增强学生对焊接相关知识技能的学习研究意识，拓宽知识框架。

◎思政目标

通过焊接相关知识技能的学习，不仅能提高学生的专业技术水平，也能培养学生对环境保护的认识，使其在焊接过程中关注环保问题，倡导可持续发展观念，降低对环境的影响，从而为世界范围内的生态文明建设作出贡献。

4.1 焊接概述

焊接是通过局部加热或加压，两者并用或不用填充材料，使两个分离的固态物焊件形成原子间结合的一种连接方法。

被连接的两个物体可以是各种同类或不同类的金属、非金属，也可以是一种金属与一种非金属。由于金属的连接在现代工业中具有很重要的实际意义，因此，从狭义上看，焊接通常就是指金属的焊接。

4.1.1 焊接的分类

焊接的方法有很多，按焊接过程特点分类，可分熔焊、压焊、钎焊三大类。

焊接的分类

1. 熔焊

加热欲接合之工件使之局部熔化形成熔池，熔池冷却凝固后便接合，必要时可加入熔填物辅助，它是适合各种金属和合金的焊接加工，不需压力。

2. 压焊

焊接过程必须对焊件施加压力，属于各种金属材料和部分金属材料的加工。

3. 钎焊

采用比母材熔点低的金属材料做钎料，利用液态钎料润湿母材，填充接头间隙，并与母材互相扩散实现连接焊件的操作。

其中最常用的是熔焊，各种熔焊方法的共同特点是将焊件连接处局部加热到熔化状态，然后冷却凝固成一体，不加压力完成焊接。

熔焊也分为很多种，如电弧焊、气焊等；而其中电弧焊应用最普遍。

4.1.2 焊接方法的特点

1. 节省材料和工时

采用焊接方法制造金属结构，可比铆接节省材料 10 % ～ 20 %，且可缩短生产周期。如将硬质合金刀片和碳钢刀杆焊接在一起，用不锈钢和碳钢复合板焊接成耐腐蚀容器等。

2. 简化工艺

在制造大型、复杂的结构和零件时，可用型材或板材先制成部件，然后再装焊成大构件，从而简化制造工艺。

3. 连接性能好

焊缝具有良好的力学性能，能耐高温高压，且具有良好的密封性。但是，焊接技术尚有一些不足之处，如对某些材料的焊接有一定困难，焊接不当会产生焊接缺陷，焊接接头组织与性能不均匀，易产生不利的残余应力和变形等。

4.1.3 焊接的应用

焊接技术可用于制造金属结构，广泛用于造船、车辆、桥梁、航空航天、建筑钢结构、重型机械、化工装备等；可制造机器零件和毛坯，如轧辊、飞轮、大型齿轮、电站设备的重要部件等；可联结电气导线和精密的电子线路。

凡是金属材料需要连接的地方，就有焊接方法的应用，它甚至还可应用于新型陶瓷连接、非晶态金属合金焊接等。

拓展阅读

焊接的优势和劣势

焊接结构与铆接结构、铸件及锻件相比存在一定的优势与劣势。

1. 优势

（1）焊接结构重量轻，节省金属。根据实践证明，它比铆接结构节省 15%～20% 的金属，比铸造结构节省 30%～40% 的金属。

（2）与铆接结构和铸件相比，焊接结构强度高，接头密封性好。

（3）焊接结构劳动量小，生产率高，加工和装配容易，可多人同时焊接。

（4）焊接时的噪声小，劳动条件较好。

（5）焊接容易实现机械化和自动化。

2. 劣势

首先，焊接容易引起变形和产生内应力，因此焊后有时要进行校正处理，对重要构件还要进行焊后热处理，以消除内应力；其次，某些焊接方法会产生有害气体和烟尘，故必须采取相应的劳动保护措施，以保护工人的身体健康。

4.2 手工电弧焊

手工电弧焊是一种利用电弧作为热源的焊接方法。它通过电极与工件之间产生的电弧热，将金属熔化并结合在一起。手工电弧焊因其操作简便、设备成本低、适用范围广等特点，在各个领域得到了广泛应用。

4.2.1 手工电弧焊方法

手工电弧焊是利用电弧热局部熔化焊件和焊条以形成焊缝的一种手工操作焊接方法，简称手弧焊。

焊接前，焊钳和焊件分别与电焊机的两个输出极相连接，并将焊条夹持在焊钳中，如图 4-1 所示。

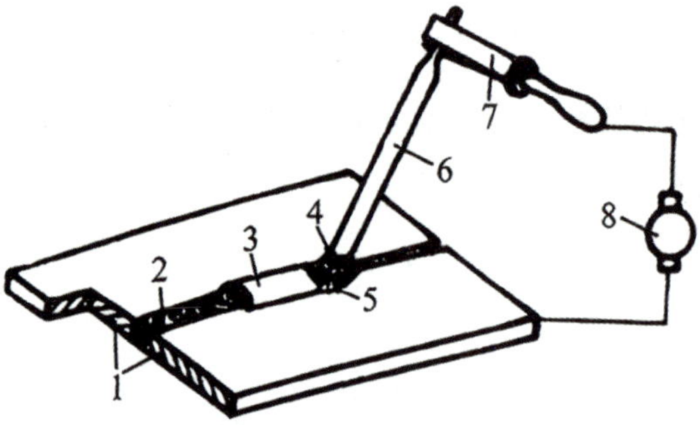

1- 焊件；2- 焊缝；3- 渣壳；4- 电弧；5- 溶池；6- 焊条；7- 焊钳；8- 电焊机。

图 4-1　手工电弧焊焊缝形成过程

焊接时，在焊件与焊条之间引弧，电弧高温将焊件与焊条局部熔化形成熔池，然后迅速冷却，凝固形成焊缝，使分离的焊件牢固地连接成整体。

手工电弧焊操作方便、灵活，设备简单并适用于各种焊接位置和接头形式，因而得到广泛应用。

4.2.2 焊接电弧

焊接电弧是在焊条端部与焊件之间的空气电离区产生的一种强烈而持久的放电现象。

1. 焊接电弧形成

焊接时，先将焊条与焊件瞬时接触，发生短路；强大的短路电流经过少数几个接触点，如图 4-2（a）所示，这些接触点的电流密度极大，使其温度急剧升高并熔化。

当焊条迅速提起时，在焊条与焊件间的电场作用下，高温金属从负极表面发射电子，并撞击空气中的分子和原子，使空气电离成正离子和负离子，电子、负离子流向正极，正离子流向负极，这些带电质点的定向运动形成了焊接电弧，如图 4-2（b）所示。

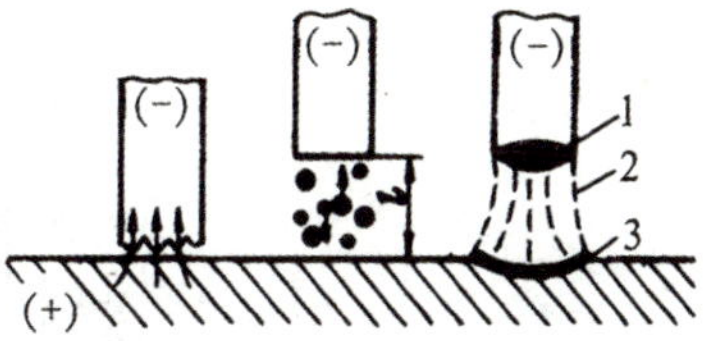

（a）　（b）　（c）

1- 阴极区；2- 弧柱区；3- 阳极区。

图 4-2　焊接电弧形成

2. 焊接电弧构造

焊接电弧由阴极区、阳极区和弧柱区三部分组成，如图 4-2（c）所示。

（1）阴极区

阴极区是电子发射区。发射电子需消耗一定能量，阴极区产生的热量略少，约占电弧热量的 36 %，其平均温度为 2 400 K。

（2）阳极区

阳极区表面受高速电子的撞击，产生较大的能量，占电弧热量的 43 %，其平均温度为 2 600 K。

（3）弧柱区

弧柱区是指阴极区和阳极区之间的区域。因为阴极区和阳极区很短，故弧柱区长度几乎等于电弧长度。弧柱区产生的热量仅占电弧热量的 21 %，但弧柱区中心温度高达 8 000 K，弧柱周围温度则较低，大部分热量散失在周围空气中，因此可见，阳极区温度高于阴极区。

当采用直流弧焊机焊接时，有两种连接方法：正接法——焊件接电源正极，焊条接负极；反接法——焊件接电源负极，焊条接正极。

通常采用正接法，焊件上热量较多，有利于加快焊件熔化，保证足够的熔深。

反接法只是在焊接薄板、有色金属，或采用低氢型焊条时使用。采用交流弧焊机焊接时，因两极极性不断变化，不存在正接和反接问题。

3. 焊接电弧的特性

焊接电弧的特性又称焊接电弧的静特性，焊接电源的特性又称焊接电源的外特性。

在焊接电路中，焊接电弧作为负载消耗电能。与普通电阻呈线性关系不同，电弧的负载大小则和电离程度有关，如图 4-3 所示。

当焊接电流过小时，焊条和焊件间的气体电离不充分，电弧电阻大，要求较高电压才能维持必需的电离程度；随着电流增大，气体电离程度增加，电弧电阻减少，电弧电压降低；当焊接电流大于 30 ～ 60 A 时，气体已充分电离，电弧电阻降到最低值，只要维持一定的电弧电压即可，此时电弧电压与焊接电流大小无关。如果弧长增加，则所需的电弧电压相应增加。

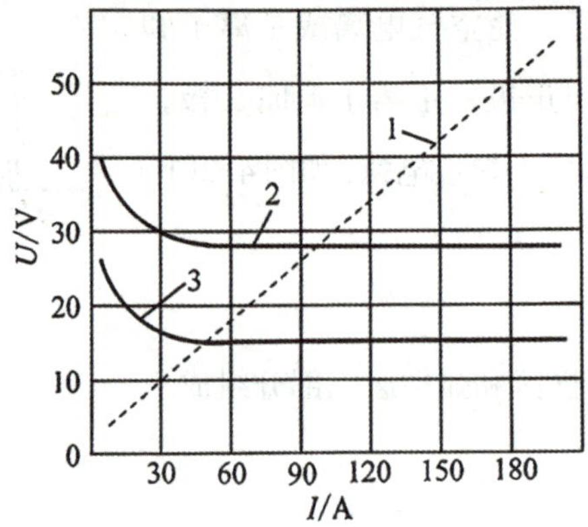

1- 普通电阻特性曲线；2- 弧长为 3 mm 的电弧特性曲线；3- 弧长为 2 mm 的电弧特性曲线。

图 4-3　普通电阻和电弧特性曲线

4.2.3　电焊机

常用的电焊机有交流弧焊机和直流弧焊机两类。交流弧焊机又称弧焊变压器，直流弧焊机又称弧焊整流器。

1. 弧焊变压器

弧焊变压器是一种具有一定特性的降压变压器，它将工业电的电压（380 V）降低，使空载时只有 60 ～ 80 V，焊接时保持在 20 ～ 30 V。此外，它能供给很大的焊接电流，且可按焊接需要来调节电流的大小，短路时电流则有一定限度。故它具有结构简单、价格低、使用维护方便等优点，但电弧稳定性差。

目前国内常用的弧焊变压器如图 4-4 所示，其型号为 BX1-330。

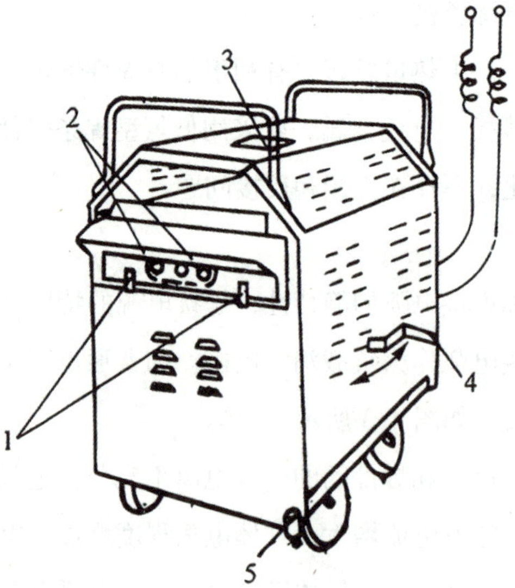

1- 焊接电源两极；2- 线圈抽头（粗调电流）；3- 电流指示盘；4- 调节手柄（微调电流）；5- 接地螺钉。

图 4-4　弧焊变压器

2. 弧焊整流器

弧焊整流器是电弧焊专用的整流器。它是利用交流电经过变压、整流后获得直流电的，既弥补了交流电焊机电弧稳定性差的缺点，又比旋转式直流弧焊机（已淘汰）结构简单、节能，噪声也低。

3. 逆变电源（焊机）

逆变电源是近几年发展起来的新一代焊接电源，如图 4-5 所示。

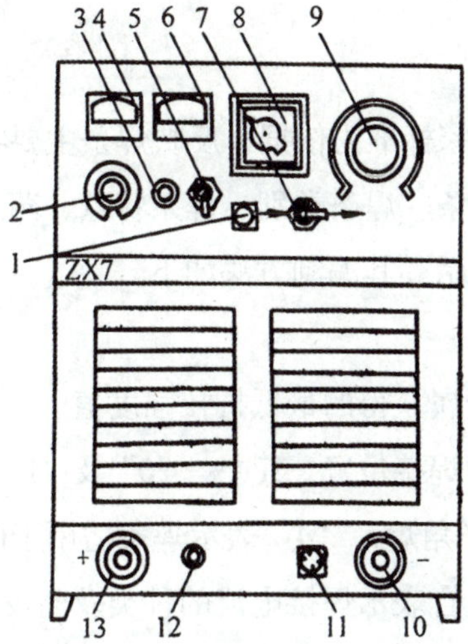

1- 远控插座；2- 引弧电流调节旋钮；3- 电源指示灯；4- 电流表；5-STICK/TIC 选择开关；6- 电压表；7- 近 / 遥控选择开关；8- 焊接电流分挡开关；9- 输出电流调节旋钮；10、13- 输出电缆插座；11- 氩弧焊接控制插座；12- 氩气接出口。

图 4-5　ZX7-700 逆变弧焊电源

其基本原理是将输入的三相 380 V 交流电经整流滤波成直流，经逆变器变成频率为 2 000 ～ 3 000 Hz 的交流电，再经单相全波整流和滤波输出。

逆变电源具有体积小、重量轻、节约材料、高效节能、适应性强等优点，是一种更新换代的电源。

4.2.4　电焊条

1. 电焊条的组成

电焊条由焊芯和药皮两部分组成。

焊芯是焊接用钢丝，以其直径作为焊条直径，常用规格有 2.0 mm、2.5 mm、3.2 mm、4.0 mm、5.0 mm 等。为保证焊接时焊条有足够的刚性，焊条的长度根据其直径不同而不同，一般在 250 ～ 450 mm，直径越小，长度越短。

在焊接时，焊芯有两个作用：一是作为电极，传导电流；二是作为填充金属，熔化后与熔化的母材一起组成焊缝金属。

药皮由多种矿石粉、铁合金粉和黏合剂等原料按一定比例配制而成。其主要作用如下。

（1）使电弧易于引燃，保持电弧稳定燃烧，减少飞溅，有利于形成外观良好的焊缝。

（2）保护熔池和焊缝，药皮燃烧产生的气体可保护熔池不受空气中有害气体的侵蚀，燃烧后形成的熔渣覆盖在刚凝固的焊缝表面，保护焊缝不被氧化。

（3）药皮中的矿石粉所含的某些元素过渡到熔池中，可去除熔池中的有害杂质，使焊缝金属合金化，有利于提高焊缝金属的力学性能。

2. 电焊条的型号和牌号

（1）电焊条的型号

电焊条的型号是以焊条国家标准为依据，反映焊条主要特性的一种表示方法。

焊条型号应包括含义：焊条、焊条类别、焊条特点、药皮类型及焊接电源等，通常以英文字母 E 后面加四位数字表示。其编制方法如下。

① 字母“E”表示焊条。

② 前两位数字表示焊缝金属获得的最低抗拉强度值。

③ 第三位数字表示焊条的焊接位置。其中：“0”及“1”表示焊条适用于全位置焊接；“2”表示焊条适用于平焊和平角焊；“4”表示焊条适用于向下立焊。

④ 第三位和第四位数字组合表示焊接电流的种类及药皮的类型。

两种常用碳钢焊条型号和其相应的原牌号见表 4-1。

表 4-1　两种常用碳钢焊条

型号	原牌号	药皮类型	焊接位置	电流种类
E4303	结 422	钛钙型	全位置	交流、直流
E5015	结 507	低氢钠型	全位置	直流反接

（2）电焊条的牌号

电焊条牌号是根据焊条的主要用途及性能特点对焊条产品的具体命名，并由焊条厂家制定。

我国从 1968 年开始，在焊条行业采用统一牌号，现用焊条牌号是根据《焊条分类及型号编制方法》（GB 980-1976）编制的，为与国际标准接轨，现已被新的国家标准代替。

考虑到焊条牌号已应用多年，焊工已使用习惯，所以生产实践中还是把焊条牌号与型号对照使用，但以焊条型号为主；如牌号为 J507（结 507）焊条：“J”（结）表示结构钢焊条；“50”表示焊缝金属抗拉强度不低于 500 MPa；“7”表示低氢钠型药皮，直流反接电源。

4.2.5　手工电弧焊工艺

手工电弧焊工艺包括接头形式和坡口形状、焊接位置、焊接参数等。

1. 接头形式和坡口形状

接头形式根据板厚和结构要求确定。

常用的接头形式有对接、搭接、角接和 T 形接等，如图 4-6 所示。

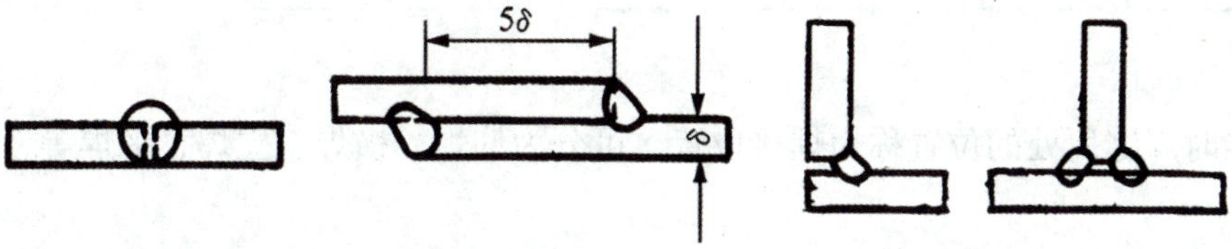

（a）对接　（b）搭接　（c）角接　（d）T 形接

图 4-6　常见的接头形式

同时，为保证焊透，合理选择坡口形状和尺寸。

对接接头常见的坡口形状和尺寸见表 4-2。

表 4-2　对接接头常见的坡口形状和尺寸（摘自 GB/T 985-1988）

坡口名称	焊件厚度 δ/mm	坡口形式	焊缝形式	坡口尺寸 /mm
I 形坡口	1 ～ 3	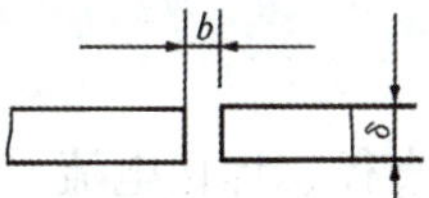		b=0 ～ 1.5
	3 ～ 6			b=0 ～ 2.5
Y 形坡口	3 ～ 26	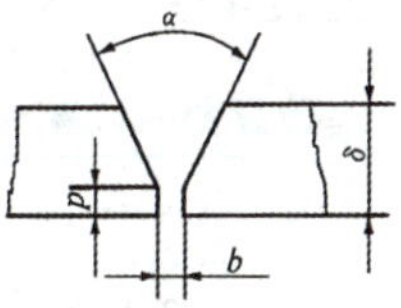	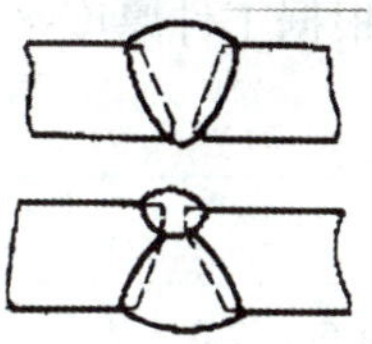	a=40° ～ 60° b=0 ～ 3 p=1 ～ 4
带纯边 U 形坡口	20 ～ 60	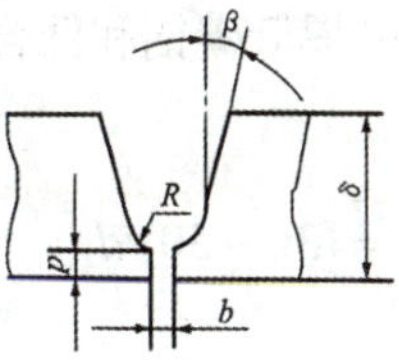	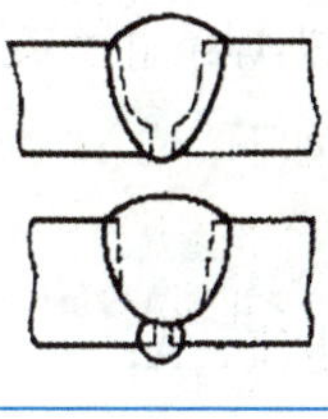	β=1° ～ 8° b=0 ～ 3 p=1 ～ 3 R=6 ～ 8
双 Y 形坡口	12 ～ 60	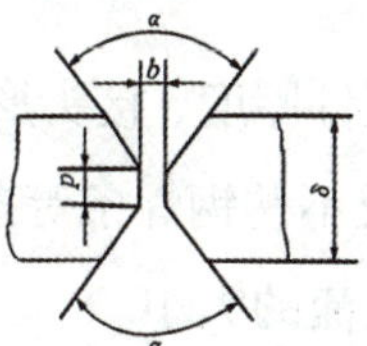		a=40° ～ 60° b=0 ～ 3 p=1 ～ 3

续表

坡口名称	焊件厚度 δ/mm	坡口形式	焊缝形式	坡口尺寸 /mm
双 V 形坡口	>10	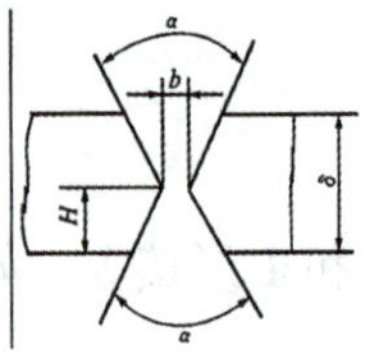	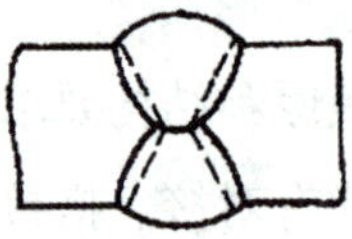	α=40° ～ 60° b=0 ～ 3 $H=\frac{1}{2}\delta$

2. 焊接位置

焊接时焊缝所处的位置称为焊接位置，可分为仰焊、横焊、立焊、平焊等，如图 4-7 所示。

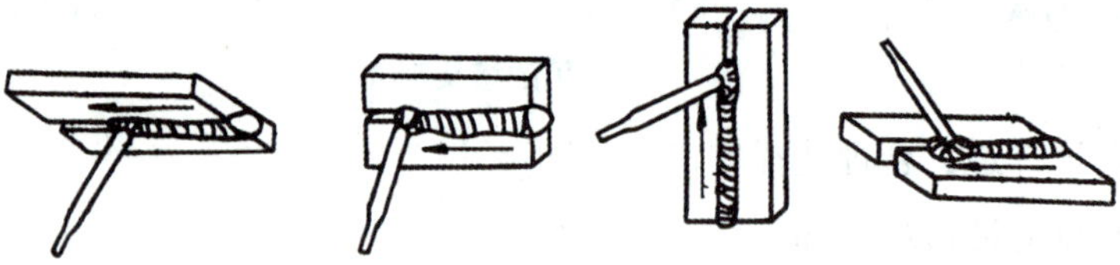

（a）仰焊　（b）横焊　（c）立焊　（d）平焊

图 4-7　焊接位置图

平焊时操作容易，生产率高，焊接质量容易保证，故应尽可能在平焊位置焊接。

3. 焊接参数

手工电弧焊的焊接参数主要是焊条直径、焊接电流、焊接速度和电弧长度等。正确选择焊接参数是保证焊接质量、提高生产率的重要因素。

焊条直径主要根据工件厚度来选择，见表 4-3。

表 4-3　焊条直径的选择

焊件厚度 /mm	<2	2 ～ 4	4 ～ 10	12 ～ 14	>14
焊件直径 /mm	1.5 ～ 2.0	2.5 ～ 3.2	3.2 ～ 4	4 ～ 5	>5

焊接电流主要根据焊条直径来选择，平焊低碳钢和低合金钢焊件、焊条直径为 3 ～ 6 mm 时，其电流大小选择如下

$$I = (30 \sim 50)\, d \qquad (7\text{-}1)$$

式中　I——焊接电流，A；

d——焊条直径，mm。

实际工作时，电流的大小还应考虑焊件厚度、接头形式、焊接位置和焊条种类等因素。焊件厚度较薄，在横焊、立焊、仰焊以及不锈钢焊条等条件下，焊接电流均比平焊时电流小 10 % ～ 15 %，也可通过试焊来调节电流的大小。

焊接速度在手工焊接时一般不作规定，可根据操作者的技术水平结合电流大小等灵活掌握。

焊弧长度一般要求用短弧，尤其是用碱性焊条时，更应严格控制用短弧，否则，将会影响保护效果，降低焊缝质量。

拓展阅读

手工电弧焊工艺的优势和劣势

手工电弧焊是一种常见的焊接工艺，具有一些优势和劣势。以下是手工电弧焊工艺的一些优势和劣势。

1. 优势

（1）灵活性。手工电弧焊具有很高的灵活性，适用于各种不同类型的金属焊接，包括碳钢、不锈钢、铝等。

（2）低成本。相较于其他高级焊接方法，手工电弧焊设备相对简单，成本较低，适用于小规模生产和修理工作。

（3）适用性广泛。手工电弧焊适用于多种焊接位置和角度，包括横焊、纵焊、仰角焊、俯角焊等，因此在各种工作环境中都能使用。

（4）无需气体保护。与气体保护焊（如 MIG/MAG 焊）相比，手工电弧焊不需要外部气体供应，因此更加便捷，适用于户外和远离电源的场合。

（5）适用于厚材料。手工电弧焊对于较厚的金属材料焊接效果较好，适用于一些需要穿透焊的场合。

2. 劣势

（1）技能要求高。手工电弧焊需要焊工具备一定的技能和经验，对于初学者来说可能需要一定的时间来熟练掌握。

（2）生产效率低。相较于自动化焊接方法，手工电弧焊的生产效率相对较低，因为它是一种手动操作的焊接过程。

（3）产生焊渣。在手工电弧焊中，常常会产生焊渣，需要在焊接完成后清理。这可能增加工艺复杂度，尤其是在需要高质量焊缝的应用中。

（4）焊缝质量不稳定。由于焊工的手动控制，焊缝的质量可能受到焊工技能水平的影响，导致质量不稳定，需要更多的质量控制。

（5）有害气体产生。手工电弧焊产生的烟雾和有害气体可能对焊工的健康造成影响，因此需要在通风条件良好的环境中进行。

总体而言，手工电弧焊是一种灵活、广泛适用且成本相对较低的焊接工艺，但在一些要求高生产效率和质量稳定性的应用中，可能会被自动化焊接方法取代。

4.3 气焊与切割

气焊与切割是一种利用气体火焰进行焊接和切割金属的技术。它主要依赖于可燃气体和氧气的混合燃烧，产生高温火焰，从而实现焊接和切割的目的。气焊与切割技术广泛应用于金属加工、机械制造、船舶建造、管道安装等行业，具有设备简单、操作方便、成本低廉等优点。

4.3.1 气焊

气焊是利用气体火焰作为热源来熔化母材和填充金属的一种焊接方法。

1. 气焊火焰

气焊一般用乙炔或丙烷为可燃气体，氧气为助燃气体。

气焊火焰因混合气体中氧气与乙炔的体积比例不同而分为三种。

（1）中性焰

氧气与乙炔的混合比例在 1.1 ～ 1.2 时，乙炔燃烧充分，此时形成的火焰为中性焰。火焰最高温度在焰心前端 2 ～ 4 mm 处，约可达到 3 150 ℃，焊接时应使此点作用于熔池处。中性焰适用于碳素结构钢和有色金属的焊接。

（2）氧化焰

氧气与乙炔的混合比大于 1.3，燃烧时氧气过剩，此时形成的火焰为氧化焰。其特点是火焰短，焰心发白，温度可达 3 300 ℃，适合于黄铜、青铜的钎焊。

（3）碳化焰

氧气与乙炔的混合比小于 1，因供氧不足，乙炔燃烧不充分，此时形成的火焰为碳化焰。火焰最高温度为 2 700 ℃，对焊件有增碳作用，适合焊接高碳钢、铸铁、硬质合金等材料。

2. 焊丝和熔剂

气焊时要用焊丝作为填充金属。

焊接低碳钢时一般用 H08A 焊丝，重要的接头可用 H08MnA。气焊焊丝的直径一般为 2 ～ 4 mm，焊丝直径和焊件厚度不宜相差太大，气焊熔剂主要供气焊铸铁、不锈钢、耐热钢、铜、铝等金属材料时使用；气焊低碳钢时不使用熔剂。

我国气焊熔剂牌号有 CJ101、CJ201、CJ302、CJ401 四种，其中，CJ101 为不锈钢和耐热钢气焊熔剂，CJ201 为铸铁气焊熔剂，CJ301 为铜和铜合金气焊熔剂，CJ401 为铝和铝合金气焊熔剂。

3. 接头形式

气焊接头形式有卷边接头、对接接头、搭接接头、角接接头和 T 形接头等。与手工电弧焊一样，气焊焊接的空间位置有平焊、横焊、立焊和仰焊四种。

4. 焊炬

焊炬是用来控制混合气体的比例、流量和火焰结构，保证焊接能顺利进行的工具。目前国产焊炬多为射吸式。

H01-6 型射吸式焊炬如图 4-8 所示。

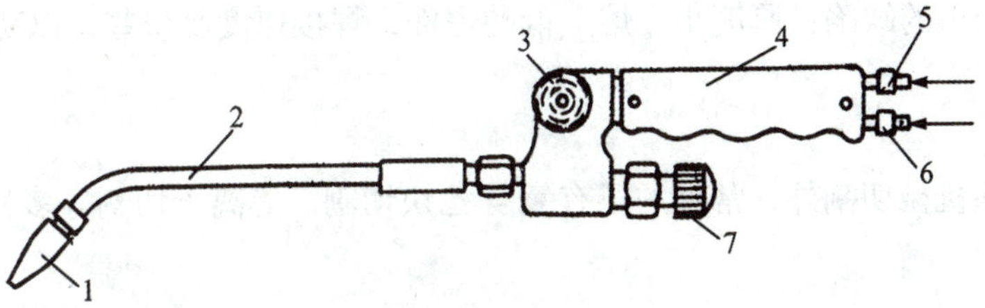

1- 焊嘴；2- 混合管；3- 乙炔阀门；4- 手把；5- 乙炔进口；6- 氧气进口；7- 氧气阀门。

图 4-8　H01-6 型射吸式焊炬

通常焊件厚度越大，所选焊嘴孔径越大，氧气压力和耗氧量也越大。

5. 气焊工艺过程

气焊工艺过程包括焊前准备工作和焊接参数的选择。

焊前要严格清理接头的油污、铁锈和水分等，并做可靠的定位焊；气焊点火时应先微开氧气阀门，再开大乙炔阀门，点燃后调整到所需火焰；灭火时应先关乙炔阀门，后关氧气阀门。起焊前要对定位焊点进行预热，焊炬约以 85° 的倾角使火焰往复移动并加热。

气焊焊接参数包括焊丝直径、火焰性质、焊炬倾角、焊接速度等。

（1）焊丝直径的选择

焊丝直径根据焊件厚度、坡口形式、焊接位置和火焰能量来确定。在多层焊时，一、二层应选用较细焊丝，以后各层可采用较粗焊丝。通常是先根据焊件厚度初步选择焊丝，再经试焊调整确定。

（2）火焰性质的选择

气焊火焰可根据材料的种类和性能要求来选择，见表 4-4。

表 4-4 不同金属材料气焊火焰的选择

焊接材料	应用火焰
低碳钢、低合金钢	中性焰
中碳钢	中性焰或微碳化焰
高碳钢	微碳化焰
灰铸铁	微碳化焰或炭化焰

（3）焊炬倾角的选择

焊炬中心线与焊件平面之间的夹角称为焊炬倾角。通常若焊件厚度大，选择大的倾角；反之，选择小的倾角。起焊时的倾角可大些，收尾时倾角要小些。

（4）焊接速度的选择

在保证焊接质量的前提下，焊接速度应尽量快。通常熔点高、厚度大的焊接速度要慢些，以防产生未熔的缺陷；厚度小、熔点低的焊件，焊接速度要快些，以防烧穿或过热。

4.3.2 切割

金属切割除机械切割外，常见的还有氧 – 乙炔切割、等离子切割等多种。

1. 氧 – 乙炔切割

利用氧 – 乙炔焰热能将被切金属预热到燃点，再通高压氧射流，使金属在高温纯氧中剧烈燃烧并放热，借助氧射流的压力将切割处形成的氧化物吹走，形成较平整的切口。

用氧 – 乙炔切割，需满足如下条件。

（1）被切割金属的燃点必须低于熔点，这样才能保证氧 – 乙炔切割过程是燃烧过程。

（2）切割时金属氧化物的熔点应低于金属本身的熔点，以便及时将氧化物吹走，形成切口。

（3）金属燃烧时应能产生大量的热，保证下层金属有足够的预热温度。

常用氧 – 乙炔切割的材料是低碳钢和低合金高强度结构钢，而铸铁、不锈钢和铜、铝及其合金钢均不能切割。

2. 等离子切割

用于切割的等离子弧是电弧经过热、电、机械等压缩效应后形成的。

等离子弧能量集中、吹力强、温度为 10 000 ～ 30 000 ℃，利用其高温、高速的作用，将被切材料局部加热熔化并随即吹掉，形成整齐的切口。

等离子弧切割的特点是切口窄，切割面的质量较好，切割速度快，切割厚度可达 200 mm。

用等离子弧可以切割不锈钢、高合金钢、铸铁、铜、铝及其合金。

3. 等离子切割的注意事项

等离子切割是一种常见的金属切割工艺，但由于涉及高温等离子弧，操作人员需要特别注意安全事项。以下是等离子切割的注意事项。

（1）个人防护装备。穿戴适当的个人防护装备，包括耐热护目镜、面罩、耐火手套、防火服和防护靴。这些装备可以有效地保护皮肤免受高温和火花的伤害。

（2）通风条件。在进行等离子切割时，确保操作区域有足够的通风。等离子切割产生的烟雾和气体可能对健康有害，良好的通风可以将有害物质迅速排除。

（3）防火措施。确保操作区域没有易燃物质，远离可燃物。等离子切割过程中可能产生火花，防火措施是防范火灾的重要手段。

（4）安全距离。在进行等离子切割时，保持安全距离，避免其他人员站在切割区域内。这有助于减少意外伤害的风险。

（5）培训和资质。只有经过专业培训的操作人员才能进行等离子切割操作。确保操作人员具备必要的知识和技能，并持有相关的操作资质。

（6）设备检查。在使用等离子切割设备前，进行设备的定期检查和维护。确保设备处于正常工作状态，减少故障的发生。

（7）急救准备。在操作区域准备好急救设备，包括急救箱和紧急呼叫设备。在紧急情况下，能够迅速采取救援措施。

（8）定期培训。定期进行安全培训，使操作人员保持对安全事项的认识，并了解最新的安全规程和操作标准。

（9）清理作业区。定期清理切割区域，清除废渣和残留物。这有助于维持工作区域的整洁和安全。

（10）紧急停车装置。设备应配备紧急停车装置，以便在紧急情况下迅速停止切割过程。

以上注意事项旨在确保在等离子切割操作中最大程度地降低意外伤害的风险。在进行等离子切割之前，务必详细了解设备的操作手册和安全规程。

4.4 其他焊接方法简介

除了常见的焊接技术如电弧焊、气焊之外，还有许多其他焊接方法在特定领域和应用中发挥着重要作用。以下是一些常见的其他焊接方法。

4.4.1 埋弧焊

埋弧焊又称熔剂层下电弧焊，以连续送进的焊丝代替手工电弧焊的焊芯，以焊剂代替焊条药皮。

焊丝末端与焊件及电弧周围的焊剂熔化，少部分甚至蒸发。焊剂及金属蒸气将电弧周围已熔化的焊剂（即熔渣）排开，形成一个封闭空间，使电弧和熔池与外界空气隔绝。电弧在封闭空间内燃烧时，焊丝与基本金属不断熔化，形成熔池。随着电弧前移，熔池金属冷却凝固形成焊缝，比较轻的熔渣浮在熔池表面，冷却凝固成渣壳。

埋弧焊焊接时的引弧、送丝、焊接速度等都是由机械化操作的。埋弧焊与手工电弧焊相比生产率高，焊缝质量好、劳动强度低，缺点是适应性差，只适宜水平焊缝和环形焊缝的焊接。

4.4.2 气体保护焊

1. 氩弧焊

利用氩气作保护气体的电弧焊称氩弧焊。

焊接时，在钨极和焊件间产生电弧，填充金属（焊丝）从一侧送入，在电弧热的作用下，填充金属与焊件熔融在一起，形成熔池。从喷嘴流出的氩气在电弧及熔池的周围形成连续封闭的气流，起保护作用。随着电弧的前移，熔池金属不断凝固形成焊缝。

氩弧焊用氩气保护效果好，电弧稳定，并在氩气流的压缩作用下电弧热量集中。因此，氩弧焊的热影响区较小，焊后变形小，又无渣壳，便于实现焊接过程机械化和自动化。

由于氩气成本高，氩弧焊设备复杂，目前氩弧焊主要用于铝、镁、钛及其合金，耐热钢和不锈钢等焊接。

2. 二氧化碳气体保护焊

利用二氧化碳作为保护气体的气体保护焊，焊丝由送丝机构连接向熔池送进，二氧化碳气体不断由喷嘴喷出，排开熔池周围的空气，形成气体保护区，代替焊条药皮和焊剂来保护焊缝质量。

二氧化碳气体保护焊电流密度大，电弧热量利用率高，焊后不需清渣，生产率高。它不受焊接位置限制，可用于平焊、立焊、横焊和仰焊。且二氧化碳气体价格低廉，故广泛应用于低碳钢和低合金钢的焊接。

但二氧化碳气体保护焊的表面成形较差，飞溅较多，高温时二氧化碳气体会分解，使电弧气氛具有强烈的氧化性，导致合金元素氧化烧损，故不能用于焊接有色金属和高合金钢。

4.4.3　电阻焊

电阻焊是将焊件组合后通过电极施加压力，利用电流通过接头的接触面及邻近区域产生的电阻热进行焊接的方法。

电阻焊的基本形式有点焊、缝焊和对焊三种。

点焊主要用于薄板搭接结构、金属网和交叉钢筋构件等；缝焊主要适用于有密封性要求的薄壁容器；对焊广泛用于焊接杆状和管状零件，如钢轨、刀具、钢筋、管道等。

电阻焊生产率高，不需填充金属，焊接变形小。电阻焊时，焊接电压低（几伏），焊接电流很大（几千安至几万安），故要求电源功率大，且焊接时间很短（仅几秒）。电阻焊设备较复杂，投资较大，适用于大批量生产。

拓展阅读

钎焊

钎焊是将熔点比被焊金属低的焊料作为钎料，将焊件和钎料一起加热到略高于钎料熔点的温度，利用液态钎料润湿母材，填充接头间隙，并与母材相互扩散实现连接焊件的方法。钎焊是常用的焊接方法之一。

按钎料熔点和接头强度分类，钎焊可分为硬钎焊和软钎焊两种。

1. 硬钎焊

钎料熔点高于 750 ℃，接头强度大于 200 MPa。常用的钎料有铜基钎料和银基钎料等。适用于受力较大、工作温度较高的焊件。

2. 软钎焊

钎料熔点低于 750 ℃，接头强度低于 70 MPa，常用的钎料有锡基钎料和锌锡钎料等。适用于受力不大、工作温度不高的焊件。

钎焊时，一般要用钎剂，其作用是清除钎料和被焊金属表面的氧化物，保护焊件和液态钎料在焊接过程中免于氧化，改善润湿性。

硬钎焊常用的钎剂有硼砂、硼砂和硼酸混合物或 QJ102 等。软钎焊常用的钎剂是松香、氯化锌溶液或 QJ203 等。钎焊和熔焊相比，加热温度低，接头金属组织和性能变化小，接头平整光滑。

钎焊不仅可以连接两种金属，也适宜连接异种金属，甚至可连接金属和非金属材料。目前钎焊主要用于电子工业、仪表制造业、航空航天和机电制造工业等。

本章小结

本章主要介绍了焊接工艺的主要内容和类型。首先，介绍了焊接的基本概念及其在制造业中的应用；其次，深入探讨了手工电弧焊及其组成部件的组成，并分析了气焊与切割工艺的特点及其应用场景；最后，简要介绍了多种其他焊接方法及其在不同领域的应用。通过本章的学习，帮助读者全面掌握焊接工艺及其变种，为将来的实操训练和行业应用打下坚实的基础。

课后思考

1. 通过本项目的学习，我懂得了：

（1）________________

（2）________________

（3）________________

2. 关于焊接方法的特点，我有以下新认识：

（1）________________

（2）________________

（3）________________

3. 在现实生活中，我接触过以下方面的焊接技术：

（1）________________

（2）________________

（3）________________

第5章　钳　　工

本章导读

本章将介绍钳工的基础知识，包括钳工的主要任务、工作特点、常用工具设备的使用、划线技巧、锯削与锉削方法、钻孔及扩孔铰孔技术，以及攻螺纹与套螺纹的操作。通过这些内容，读者将对钳工技能有一个清晰的理解，并能在实际工作中有效应用。

学习目标

◎知识目标

1. 了解钳工的加工范围和主要任务。
2. 了解钳工的工作特点。
3. 了解钳工工作的注意事项。
4. 了解钳工常用工具设备。

◎技能目标

1. 掌握划线、锯削、锉削的工艺方法。
2. 掌握钻孔、扩孔和铰孔的工艺方法。
3. 掌握攻螺纹、套螺纹的工艺方法。

◎素质目标

1. 提升学生对钳工的整体认知。

2. 增强学生对钳工相关知识技能的学习研究意识，拓宽知识框架。

◎思政目标

通过学习钳工相关知识技能，提升学生专业技术水平的同时，也能培养学生在钳工工作中具备高尚的职业操守和道德品质，注重产品质量，保障工作安全，具有对职业的责任感和对社会的责任感。

5.1 钳工概述

钳工主要是利用手持工具对工件进行加工的方法，是使用钳工工具或设备，按技术要求对工件进行加工、修整、装配的工种，是以手工操作为主的一种切削加工的方法。

钳工是机械制造中最古老的金属加工技术，它是机械制造中的重要工种之一。是切削加工、机械装配和修理作业中的手工作业，因常在钳工台上用虎钳夹持工件操作而得名。

5.1.1 钳工的加工范围和主要任务

钳工的基本操作主要有划线、錾削、锯削、锉削、钻孔、扩孔、铰孔、攻螺纹和套螺纹、刮削与研磨、矫正、弯曲和铆接、装配与拆卸等。

钳工的加工范围和主要任务

1. 钳工的加工范围

钳工的加工范围包括如下几个方面。

（1）加工前的准备工作，如清理毛坯、毛坯或半成品工件上的划线等。

（2）单件零件的修配性加工。

（3）零件装配时的钻孔、铰孔、攻螺纹和套螺纹等。

（4）加工精密零件，如刮削或研磨机器、量具和工具的配合面、夹具与模具的精加工等。

（5）零件装配时的配合修整。

（6）机器的组装、试车、调整和维修等。

2. 钳工的主要任务

归纳起来，钳工的主要任务可分为如下几点。

（1）加工零件。一些采用机械方法不适宜或不能解决的加工，都可由钳工来完成。如零件加工过程中的划线，精密加工（如刮削锉削样板和制作模具等）以及检验及修配等。

（2）装配。把零件按机械设备的装配技术要求进行组件，部件装配和总装配，并经过调整、检验和试车等，使之成为合格的机械设备。

（3）设备维修。当机械在使用过程中产生故障，出现损坏或长期使用后精度降低，影响使用时，也要通过钳工进行维护和修理。

（4）工具的制造和修理。制造和修理各种工具、卡具、量具、模具和各种专业设备。

以上基本操作技能是进行产品生产的基础，也是钳工专业技能的基础，因此，必须熟练掌握，才能在今后工作中逐步做到得心应手，运用自如。

5.1.2　钳工工作特点

钳工的劳动强度较大，生产率低，对工人的技术要求较高。但所用的工具简单，操作灵活方便，可以完成机械加工很难或无法完成的工作，在目前的机器制造和维修工作中，钳工操作起着十分重要的作用。

钳工工作具有以下特点。

（1）加工灵活。在不适合机械加工的场合，尤其是在机械设备的维修工作中，钳工加工可获得满意的效果。

（2）可加工形状复杂和高精度的零件。技术熟练的钳工可加工出比现代化机床加工的零件还要精密和光洁的零件，可以加工出连现代化机床也无法加工的形状非常复杂的零件，如高精度量具、样板、开头复杂的模具等。

（3）投资小。钳工加工所用工具和设备价格低廉，携带方便。

（4）生产效率低，劳动强度大。

（5）加工质量不稳定。加工质量的高低受工人技术熟练程度的影响。

5.1.3　钳工工作的注意事项

钳工工作的注意事项如下。

1. 工具使用

钳工所用的工具，在使用前必须进行检查。例如，在錾凿时要注意对面工作人员的安全，严禁使用高速钢做錾子。

2. 锯割安全

用手锯锯割工件时，锯条应适当拉紧，以免锯条折断伤人。工件必须牢固地固定在台钳的右侧，以防锯条折断伤人。

3. 锤击安全

使用大锤时，必须注意前后、左右、上下的环境情况，在大锤运动范围内严禁站人，不允许使用大锤打小锤，也不允许使用小锤打大锤。

4. 严禁戴手套

钳工工作时，不可以戴手套进行工作。这是因为手套可能会妨碍操作过程中的灵活性，增加操作难度，甚至可能造成危险。

5. 注意工作环境

保持工作区域整洁，避免杂乱和危险物品的混放。合理规划工作区域，使工具、零件、材料等物品有序摆放，方便取用和管理。

6. 遵守操作规程

严格按照钳工操作规程进行工作，不要尝试违规操作或擅自更改工艺参数。在使用工具和设备前应熟悉其使用方法，确保自身和他人的安全。

7. 注意自身防护

在工作中要注意自身的防护措施，如佩戴防护眼镜、手套等。同时要注意保持身体姿势正确，避免长时间弯腰、低头等动作，以免造成疲劳和损伤。

8. 不断学习和提高技能

钳工工作需要不断学习和提高技能。通过参加培训、阅读专业书籍、观摩优秀操作等途径来提升自己的技能和知识水平。同时要关注行业动态和技术发展，了解最新的技术和标准，以便能够更好地适应市场需求和提升工作效率。

9. 其他注意事项

在多层或交叉作业时，应注意戴安全帽，并注意听从统一指挥。检修设备完毕，要使所有的安全防护装置、安全阀及各种声光信号均恢复到其正常状态。不允许直接用手清除切屑，也不许用嘴吹。毛坯和加工零件应放置在规定位置，排列整齐平稳，要保证安全，便于取放，并避免碰伤已加工表面。量具不能与工具混放在一起，不能把工具或工件压在量具上，量具用完后，要用纱布抹干净并放回量具盒内。虎钳要经常保持清洁，丝杆及导轨要经常加油。

以上就是钳工工作中需要注意的一些事项。在实际工作中，钳工应该始终保持警觉和专注，严格遵守安全操作规程和注意事项，确保自身和他人的安全。同时也要不断提升自己的技能和知识水平，以更好地完成工作任务和提高工作效率。

拓展阅读

钳工锉刀常见问题及解决方法

1. 使用后锉刀表面不光滑

解决方法：表面不光滑的原因可能是由于使用不当，或是材料不合适导致。解决方法可以通过更换合适材料，并配合适当的使用方法来避免这种情况的发生。

2. 锉刀会产生口袋

解决方法：在使用钳工锉刀的过程中，干燥的材料会对锉刀刀齿产生过大的压力，从而导致产生口袋。解决方法可以用少量的刀刃油，或者是使用最适合被加工材料的锉刀，来避免这种情况的发生。

3. 锉刀使用效果不佳

解决方法：锉刀使用效果不佳的原因可能是由于锉刀的刀齿已经被使用过多，或是使用不当所致。可以通过选择不同的锉刀来解决这个问题，或者使用专业研磨设备对锉刀进行打磨处理。

4. 锉刀损毁或磨损过度

解决方法：锉刀的损毁或磨损过度，一般可以使用专业设备进行打磨，或者是更换新的锉刀来解决这个问题。同时，在平时的使用过程中，也要注意锉刀的保养和合理使用。

5.2 钳工常用工具设备

钳工的主要设备由钳工工作台和台虎钳组成，此外还有钻床和砂轮机等。常用的手用工具有划线盘、錾子、手锯、锉刀、刮刀、扳手、螺钉旋具、锤子等。

5.2.1 钳工工作台

钳工工作台简称钳台，用于安装台虎钳，进行钳工操作，如图 5-1 所示。

工作台有单人使用和多人使用两种，用硬质木材或钢材做成。常用硬质木板或钢材制成，要求平稳、结实，台面上装虎钳和防护网。台面高 800 ～ 900 mm，一般以装上台虎钳后钳口高度恰好与人手肘齐平为宜。

5.2.2 台虎钳

台虎钳固定在工作台上，是夹持工件的工具，如图 5-2 所示。

图 5-1 钳工工作台

图 5-2 台虎钳

台虎钳是钳工最常用的一种夹持工具。其规格以钳口的宽度来表示，常用的有 100 mm、125 mm、150 mm 等。凿切、锯割、锉削以及许多其他钳工操作都是在台虎钳上进行的。

台虎钳主体用铸铁制成，由固定部分和活动部分组成。台虎钳固定部分由转盘锁紧螺钉固定在转盘座上，转盘座内装有夹紧盘，放松转盘锁紧手柄，固定部分就可以在转盘座上转动，以变更台虎钳方向。转盘座用螺钉固定在钳台上。连接手柄的螺杆穿过活动部分旋入固定部分上的螺母内。扳动手柄使螺杆从螺母中旋出或旋进，从而带动活动部分移动，使钳口张开或合拢，以放松或夹紧零件。

使用台虎钳时应注意以下几点。

（1）工件尽量夹在钳口中部，以使钳口受力均匀。

（2）夹紧后的工件应稳定可靠，便于加工，并不产生变形。

（3）夹紧工件时，一般只允许依靠手的力量来扳动手柄，不能用手锤敲击手柄或随意套上长管子来扳手柄，以免丝杠、螺母或钳身损坏。

（4）不要在活动钳身的光滑表面进行敲击作业，以免降低配合性能。

（5）加工时用力方向最好是朝向固定钳身。

5.2.3 钻床

钻床是用于孔加工的一种机械设备，它的规格用可加工孔的最大直径表示，其品种、规格颇多。其中最常用是台式钻床（台钻），如图 5-3 所示。

图 5-3 台式钻床

这类钻床小型轻便，安装在台面上使用，操作方便且转速高，适于加工中小型零件上直径在 16 mm 以下的小孔。

5.2.4 钳工设备使用注意事项

使用钳工设备时，需要遵循一系列注意事项，以确保安全操作并保护工作人员的健康。

1. 设备检查

在使用钳工设备之前，进行设备的定期检查和维护。确保设备各部件完好无损，没有松动或损坏的地方。

2. 正确使用工具

使用适当的工具进行具体的工作任务。确保工具的选择符合工作要求，并且使用正确的规格和型号。

3. 遵循操作规程

遵循设备的操作规程和使用手册。熟悉设备的控制按钮、开关和安全功能，确保正确的操作。

4. 机械设备安全

在使用机械设备时，确保所有防护罩和安全装置都已安装好。不要绕过或修改这些安全装置。

5. 确保设备固定

在使用钳工设备时，确保设备处于稳定的位置，使用支架或固定设备，防止设备在操作过程中移动或倾斜。

6. 切削液和冷却液

如果涉及到切削液或冷却液的使用，确保正确配置和使用这些液体，并遵循相关的安全操作规程。

7. 电气安全

当进行电气作业时，确保设备已切断电源，并使用绝缘工具。避免触摸带电部件，以防止电击事故。

8. 防护装置使用

使用适当的防护装置，如安全带、安全网或其他防护设备，以防止从高处坠落等危险。

9. 培训和意识

为使用钳工设备的人员提供相关的安全培训，使其了解潜在的危险和安全操作规程。提高工人对安全问题的意识。

10. 急救设备

在操作区域准备好急救设备，包括急救箱和紧急呼叫设备。在紧急情况下，能够迅速采取救援措施。

以上注意事项适用于各种类型的钳工设备，确保在使用过程中能够最大程度地减少事故风险，保护工作人员的安全。

5.3 划线、锯削和锉削

划线、锯削和锉削技术是金属加工中最为基础的工艺之一。这些技术不仅在传统的手工作坊中广泛应用，即使在现代的机械制造和精密工程中，它们仍然占据着重要的地位。通过这些基础工艺，工匠和工程师能够将金属材料加工成所需的形状和尺寸，从而满足各种工业和生活中的需求。

5.3.1 划线

划线是机械加工中的一道重要工序，广泛用于单件或小批量生产，新产品试制和工具、夹具、模具制造。

1. 划线的概念

根据图纸要求在毛坯或半成品上划出加工图形、加工界线或加工时找正用的辅助线的操作称为划线。

2. 划线的作用

（1）确定工件的加工位置和加工余量。使加工有明显的尺寸界限。

（2）为便于复杂工件在机床上的装夹，可按划线找正确定位。

（3）检查毛坯的形状和尺寸是否符合图样，能及时发现和处理不合格的毛坯。

（4）当毛坯误差不大时，可以采用借料划线的方法来补救，从而提高毛坯的合格率。

划线是加工或安装工件的依据，还可检查毛坯的形状和尺寸是否合格，以及合理分配加工余量等。

对划线的基本要求是线条清晰匀称，定型、定位尺寸准确。

由于划线的线条有一定宽度，划线的精度较低。用划针划线的精度为 0.25 ～ 0.5 mm，用高度尺划线的精度为 0.1 mm 左右。

应当注意，工件的加工精度不能完全由划线确定，而应该在加工过程中通过测量来保证。

3. 划线的种类

划线分为平面划线和立体划线两种。

只需要在工件一个平面或几个互相平行的平面上划线，即能明确表明加工界限的，称之为平面划线。

需要在工件几个互相垂直或倾斜平面上划线，才能明确表明加工界限的，称为立体划线。

4. 划线工具及应用

（1）划线平板

划线平板又称划线平台，常用铸铁制成，表面经过精刨或刮削的精加工后平整光洁，是划线的基准平面，如图 5-4 所示。

（2）划针和划线盘

图 5-4　划线平板

划针是在零件上直接划出线条的工具，常与钢直尺、90° 角尺或划线样板等导向工具一起使用。它由工具钢淬硬后将尖端磨锐或焊上硬质合金尖头。划针分直头划针和弯头划针两种。

弯头划针可用于直头划针划不到的地方和找正零件。使用划针划线时必须使针尖紧贴钢直尺或样板。划针在划线时应当尽量做到一次划出，并使线条清晰、准确。

划线盘是以划线平板的工作面为基准进行立体划线并校正工件位置的工具。

划线盘使用时应注意底座一定要贴紧划线平板，使之平稳移动，划针装夹要牢固，并适当调整伸出长度。

划线盘既可用于立体划线，也可用作找正工件位置。

（3）划卡和划规

划卡又称为单脚规，主要用来确定轴和孔的中心位置，也可用于划平行线，使用划卡时应注意弯脚到工件的端面距离一定要保持一致。

划规用于在平面上划圆、圆弧及等分线，也可用于量取尺寸。

（4）样冲

样冲是用工具钢制成并经淬硬，用作在已划出的线条上打出小而均匀的样冲眼，以备线条在搬运、装夹过程中因碰、擦而模糊后，仍能准确定位。

（5）量具

划线的常用量具有钢直尺、90° 角尺、量高尺和游标高度尺等。

量高尺由钢直尺和尺架组成，拧动调整螺钉，可改变钢直尺的上下位置，因而可方便地找到划线所需要的尺寸。

（6）支承工具

支承工具常用的有方箱、千斤顶、V 形架等。

方箱是用灰铸铁制成的一个空心箱体，它的六个面均经过精加工，并且互成直角，相对的平面互相平行，相邻的平面互相垂直。

通过翻转方箱，可以在工件表面上划出相互垂直的线，主要用于夹持较小尺寸的工件。

千斤顶常用于支承毛坯或形状复杂的大零件划线。使用时，三个一组顶起零件，调整顶杆的高度便能方便地找正零件。

V 形架用来支承轴、套筒等圆柱形工件，使工件轴线与划线平板平行。一般 V 形铁都是两块一副，即平面与 V 形槽是在一次安装中加工的。V 形槽夹角为 90° 或 120° 。V 形铁也可当方箱使用。

5. 划线基准

（1）划线基准的概念

划线时需要选择工件上某个点、线或面作为依据，以用来确定工件上其他各部分的尺寸、几何形状和相对位置，此所选的点、线或面称为划线基准。

（2）划线基准的选择

划线基准一般应该尽量选择与设计基准一致。

划线时一般选择重要的中心线、工件上已加工表面、零件图上尺寸标注基准线为划线基准。

选择划线基准的原则如下。

① 以零件图上标注尺寸的基准（设计基准）作为划线基准。

② 如果毛坯上有孔或凸起部分，应以孔或凸起部分的中心为划线基准。

③ 如果工件上已有一个已加工表面，则应以此面作为划线基准；如果都是未加工表面，则应以较平整的大平面作为划线基准。

6. 划线的步骤

平面划线和立体划线步骤分别如下。

（1）平面划线

在工件的一个平面上划线称为平面划线。平面划线一般要划两个方向的线条，而立体划线一般要划三个方向的线条。每划一个方向的线条就必须有一个划线基准，故平面划线要选两个划线基准。

平面划线步骤为：首先，分析图样；其次，检查毛坯，选定划线基准；再次，按图纸的要求在工件两个表面上划出线；最后，经检查无误后打样冲眼。

（2）立体划线

在工件的长、宽、高三个方向上划线称为立体划线。立体划线要选三个划线基准。

轴承座立体划线步骤如下。

① 分析图样，检查毛坯，选定基准。

② 清理工件表面，在需要划线的表面涂上适当的涂料，并在毛坯孔中装上中心塞块。

③ 支承并找正工件，划出基准线，再划出与之平行的线。

④ 翻转工件，找正，再划出其他相互垂直的线。

⑤ 检查无误后打样冲眼。

除了划线，锯削和锉削加工也是钳工的基本操作技能。其操作水平的高低受手握法、站立姿势、身体动作等诸多因素的影响。

5.3.2　锯削

用手锯分割原材料和工件，或在其上锯出沟槽的加工方法称为锯削。

锯切的工作范围包括分割各种材料或半成品、锯掉工件上多余的部分、在工件上锯槽等。

1. 手锯的组成

手锯是锯削工具，由锯弓和锯条组成，如图 5-5 所示。锯弓的作用是安装和张紧锯条，它有可调式和固定式两种。锯条由碳素工具钢或合金钢制成，并经淬硬处理。锯条规格用锯条两端安装孔之间的距离表示。锯条的切削部分由许多锯齿组成，锯齿在制造时按一定的规律错开排列形成锯路。

图 5-5　手锯

锯条按 25 mm 长度所含齿数多少分为粗（14～18 齿）、中（24 齿）、细（32 齿）3 种。

（1）锯条的选择

一般根据材料的软硬度和厚度来选择锯条。粗齿锯条适用于锯削铜、铝等软金属或厚工件；中齿锯条适用于普通钢、铸铁及中等厚度的工件；细齿锯条常用来锯硬钢、板料及薄壁管子。

（2）锯条的安装

安装锯条时要保证齿尖的方向朝前。锯条的松紧要适当，过紧，失去了应有的弹性，锯条容易崩断；太松，会使锯条扭曲，锯锋歪斜，锯条也容易折断。一般以用两个手指的力能旋紧蝶形螺母为止。

2. 工件的夹持

夹持工件应稳固，夹紧力要适度，并尽可能夹持在虎钳的左边；锯割线应与钳口垂直，并尽可能靠近钳口。为防止夹坏已加工面，可在钳口与工件之间垫放铜皮或铝板。

3. 锯削的操作

（1）起锯

锯条开始切入零件称为起锯。

起锯时，应使锯条与工件表面垂直，并成小于 15° 角，轻轻起锯，运锯距离要短。为防止锯条滑动，可用拇指指甲挡住锯条。

（2）运锯

正常锯削时，锯弓做往复直线运动，左手施加压力，右手推进，用力要均匀；返回时，锯条轻轻滑过加工面，速度不要太快；锯削开始和终了时，压力和速度均要减小。

锯硬材料时为减轻锯条磨损，可加机油润滑。快要锯断时，用力要轻，行程要短，最后工件可用手折断。

4. 锯削示例

（1）锯扁钢，应从宽面起锯。

（2）锯圆管，应在管壁锯透时，将圆管向推锯方向转一角度，从原锯缝处下锯。

（3）锯深缝时，可将锯条转 90° 安装，平放锯弓作推锯。

（4）锯薄板时，可将薄板夹在两块木板之间一起锯削。

5.3.3 锉削

用锉刀从工件表面锉掉多余的金属，对工件进行切削加工的方法称为锉削。锉削是钳工最基本的操作方法，应用十分广泛。

锉削可以加工平面、曲面、内孔、沟槽等，还可用于机械零件、部件装配时修整工件表面。

锉削的尺寸公差等级为 IT8 ～ IT7，表面粗糙度 *Ra* 为 1.2 ～ 0.8 μm。

1. 锉刀的种类及选用

（1）锉刀是锉削的主要工具，锉刀是用碳素工具钢经热处理后制成，硬度为 20 ～ 25 HRC。锉刀由锉刀面、锉刀边、锉刀柄等组成。锉刀上面的齿纹有单纹、双纹两种，一般用双纹。

（2）锉刀规格以工作部分长度表示，常用的有 100 mm、150 mm、200 mm 等七种。锉刀按每 10 mm 长的锉面上锉齿齿数不同可分为粗锉刀（4 ～ 12 齿）、细锉刀（13 ～ 24 齿）和光控刀（30 ～ 32 齿）。

粗锉刀主要用于加工软材料，细锉刀用于加工钢及铸铁等，光锉刀用于表面修光。锉刀按截面形状划分，分为平锉、方锉、三角锉、半圆锉、圆锉等。

锉削加工时，应根据工件形状、材质、加工余量、表面粗糙度等因素合理选用锉刀。正确选用锉刀，可以提高加工质量，延长刀使用寿命，节约加工工时。

2. 锉削操作

（1）握锉方法

锉削时，一般右手握锉，左手压锉。

锉削时人站立的位置应和虎钳成 45° 角，左脚在前，右脚在后，身体略微前倾 15°，左腿略弯，右腿站直，姿势自然、放松。

在使用大型锉刀时，右手握住锉柄，左手压在锉刀前端，使其保持水平；使用中型锉刀时，因用力较小，可用左手的拇指和食指握住锉刀的前端，以引导锉刀水平移动。使用小锉刀时，右手可与握大中型锉刀相同，左手用几个手指压住锉刀面。

注意所有握法都要自然、放松，肘不要抬得过高。

（2）锉削时的施力方法

锉削时需要对锉刀施力，起切削作用。两手对锉刀施加的力是变化的，施力以保持锉刀水平为准。

锉削过程中，两手用力也时刻在变化。开始时，左手压力大推力小，右手压力小推力大。随着推锉过程，左手压力逐渐减小，右手压力逐渐增大。锉刀回程时不加压力，以减少锉齿的磨损。

锉刀往复运动速度一般为 30 ～ 40 次 /min，推出时慢，回程时可快些。

（3）锉削姿势

锉削时人的站立位置与锯削相似，身体重量放在左脚，右膝要伸直，双脚始终站稳不移动，靠左膝的屈伸而做往复运动。

开始时，身体向前倾斜 10° 左右，右肘尽可能向后收缩。

在最初三分之一行程时，身体逐渐前倾 15° 左右，左膝稍弯曲。在其次三分之一行程时，右肘向前推进，同时身体也逐渐前倾 18° 左右。在最后三分之一行程时，用右手腕将锉刀推进，身体随锉刀向前推的同时自然后退到 15° 左右的位置上，锉削行程结束后，把锉刀略提起一些，身体姿势恢复到起始位置。

3. 锉削方法

常用的锉削方法有顺向锉、交叉锉、推锉和滚锉。前三种锉法用于平面锉削，后一种用于圆弧面锉削。

（1）锉平面时，常用的方法有交叉锉、顺向锉和推锉。

交叉锉主要用于粗加工，其特点是去屑快、工效高；顺向锉主要用于精加工；推锉用于细长工件表面和台阶面的锉削和修光。

（2）锉圆弧表面时，常用滚锉和顺向锉方法。顺向锉主要用于粗加工，滚锉主要用于精加工。

4. 锉刀的保养

操作锉削时要注意锉刀的使用与保养。

（1）锉刀必须装柄使用。

（2）不可锉毛坯件的硬皮及淬硬工件，以避免锉齿过早磨损；由于虎钳钳口淬硬处理过，不要锉到钳口上，以免磨钝锉刀和损坏钳口。

（3）锉刀使用完毕后必须清理干净；锉面堵塞后，用钢丝刷顺着锉纹方向刷去屑末。

（4）锉下来的屑末要用毛刷清除，不要用嘴吹，以免屑末进入眼内。

（5）锉刀不可沾水，以免锈蚀；锉刀不要沾油，以免再锉时打滑。

（6）不要用手去摸锉面或工件，以防被锐棱刺伤等，同时防止手上油污沾上锉刀或工件表面，锉削时不要换工件表面。

5. 锉削质量检验

锉削后，工件的尺寸可用钢尺或卡尺检查；工件的直线度及垂直度可用直角尺根据透光情况检查。

拓展阅读

锉削的优势和劣势

锉削是一种金属加工工艺，使用锉工具对金属进行切削和修整。这种工艺有一些优势和劣势如下。

1. 优势

（1）精度。锉削可以提供相对较高的加工精度。通过选择合适的锉具和采用适当的技术，可以实现对工件表面和边缘的精细修整。

（2）形状灵活性。锉具有较强的形状适应性，可以用于处理各种形状和曲线。这使得它在零部件加工和修整中非常灵活。

（3）手工操作。锉削是一种手工操作，不需要大型机械设备。这使得在小批量生产、维修和修整等领域中，锉削工艺更容易应用。

（4）低成本。锉削工具相对较为简单，成本较低。这对于一些小规模生产或个体加工来说是经济的选择。

（5）切削速度控制。操作人员可以通过改变手工操作的速度和力度来控制切削速度，从而更好地适应不同的加工需求。

2. 劣势

（1）加工效率低。相对于一些自动化的机械加工工艺，锉削的加工效率较低。这在大规模生产中可能不够高效。

（2）劳动强度。锉削是一项手工劳动，需要操作人员投入较多的体力和时间。对于大规模和高强度的生产来说，可能不够高效。

（3）表面质量限制。锉削可能会在加工表面留下锉痕，相对于一些其他精密加工方法，表面质量有一定的限制。这在对表面要求非常高的应用中可能不够理想。

（4）限制于手工技能。锉削的加工质量和效果受到操作人员的手工技能水平的影响。对于技能要求较高的工作，可能需要经验丰富的操作人员。

（5）限制于材料硬度。锉削适用于一些较为软的金属和材料，对于硬度较高的材料，可能需要更多的努力和时间。

总体而言，锉削在一些特定的应用场景中具有独特的优势，尤其是对于小规模加工、维修和手工制作等领域。然而，在大规模生产和对表面质量要求极高的场合，可能需要考虑其他更高效的加工方法。

5.4 钻孔、扩孔和铰孔

零件上孔的加工，除去一部分由车、镗、铣和磨等机床完成外，很大一部分是由钳工利用各种钻床和钻孔工具完成的。

钳工进行的孔加工，主要有钻孔、扩孔和铰孔。

5.4.1 钻孔

钻孔是孔加工的一种基本方法，它可以在镗床或铣床上进行，但一般是在钻床上进行的。在钻床上主要用钻头（麻花钻）进行钻孔。

1. 钻孔的概念

用钻头在工件、实体材料上加工出孔的方法称为钻孔。

在钻床上钻孔时，工件固定不动，钻头要同时完成以下两个运动。

（1）主运动：钻头绕轴心顺时针旋转。

（2）进给运动：钻头对工件做直线运动。

在车床上钻孔时，工件旋转，刀具做进给运动。而在钻床上加工时，工件不动，刀具做旋转主运动，同时沿轴向移动做进给运动。故钻床适用于加工没有对称回转轴线的工件上的孔，尤其是多孔加工，如加工箱体、机架等零件上的孔。

在钻床上除钻孔外，还可在工件上进行扩孔、铰孔、攻螺纹、锪平面等。

2. 钻孔的特点

钻削的工艺特点如下。

（1）麻花钻的两条切削刃对称地分布在轴线两侧，钻削时，所受径向抗力相互平衡，因此不像单刃刀具那样容易弯曲。

（2）钻孔时切削深度达到了孔径的一半，金属切除率较高。

（3）钻削过程是半封闭的，钻头伸入工件孔内并占有较大空间，切屑较宽且往往呈螺旋状，而麻花钻容屑槽尺寸有限，因此排屑较困难，已加工孔壁由于切屑的挤压摩擦常被划伤，使表面粗糙度 Ra 值较大。

（4）钻削时，冷却条件差，切削温度高，因此，限制了切削速度，影响生产率的提高。

（5）钻削为粗加工，其加工经济精度等级为 IT13 ～ IT11，表面粗糙度 Ra 为 50 ～ 12.5 μm。一般用作要求不高的孔（如螺栓通过孔、润滑油通道孔等）的加工或高精度孔的预加工。

3. 钻床

钻床是孔加工的主要机床。

钳工的孔加工常在台式钻床、立式钻床或摇臂钻床上进行。

（1）台式钻床

台式钻床是一种主轴垂直布置的小型钻床。钻孔直径一般在 ϕ 12 ～ 15 mm。

由于台式钻床加工孔径较小，台钻主轴的转速可以很高，一般可达每分钟几万转。台钻小巧灵活，使用方便，但一般自动化程度较低，适用于单件、小批量生产中加工小型零件上的各种孔。

（2）立式钻床

立式钻床是一种将主轴箱和工作台安置在立柱上，主轴垂直布置的钻床。立式钻床用于加工直径在 30 mm 以下的孔。加工时工件直接或通过夹具安装在工作台上，主轴的旋转运动由电动机经变速箱传动。加工时主轴既做旋转的主运动，又做轴向的进给运动。工作台和进给箱可沿立柱上的导轨调整其上下位置，以适应在不同高度的工件上进行钻削加工。

由于在立式钻床上是通过移动工件位置的方法，使被加工孔的中心与主轴中心对中，因而操作很不方便，不适于加工大型零件，生产率也不高。此外，立式钻床的自动化程度一般较低，故常用于单件、小批量生产中加工中小型工件。

（3）摇臂钻床

摇臂钻床是一种摇臂可绕立柱回转和升降，主轴箱又可在摇臂上做水平移动的钻床。摇臂钻床用于加工大型零件及多孔零件上的孔。

4. 钻头

在钻床上主要用钻头进行钻孔。钻头是钻孔的主要刀具，一般由高速钢制成，切削部分经热处理淬硬为 62 ～ 65 HRC。钻头最常用的是麻花钻如图 5-6 所示。

图 5-6 麻花钻

麻花钻由钻柄、颈部和工作部分组成。

（1）钻柄

钻柄供装夹和传递动力用。钻柄的形状有两种：柱柄传递扭矩较小，用于直径 13 mm 以下的钻头；锥柄对中性好，传递扭矩较大，用于直径大于 13 mm 的钻头。

（2）颈部

颈部是磨削工作部分和钻柄时的退刀槽。钻头直径、材料、商标一般刻印在颈部。

（3）工作部分

它分成导向部分与切削部分。

导向部分依靠两条狭长的螺旋形的高出齿背 0.5 ～ 1 mm 的棱边（刃带）起导向作用。它的直径前大后小，略有倒锥度。倒锥量为（0.03 ～ 0.12）mm/100 mm，可以减少钻头与孔壁间的摩擦。导向部分经铣、磨或轧制形成两条对称的螺旋槽，用以排除切屑和输送切削液。

切削部分有两个刀齿，在麻花钻轴线两侧对称分布，每个刀齿可以看着一把外圆车刀，是麻花钻起主要切削作用的部分。

5. 钻头和工件的装夹

（1）钻头的装夹

钻头的装夹方法，按其柄部的形状不同而异。

直柄钻头用钻夹头安装，如图 5-7 所示。

锥柄钻头可以直接装入钻床主轴锥孔内，较小的钻头可用过

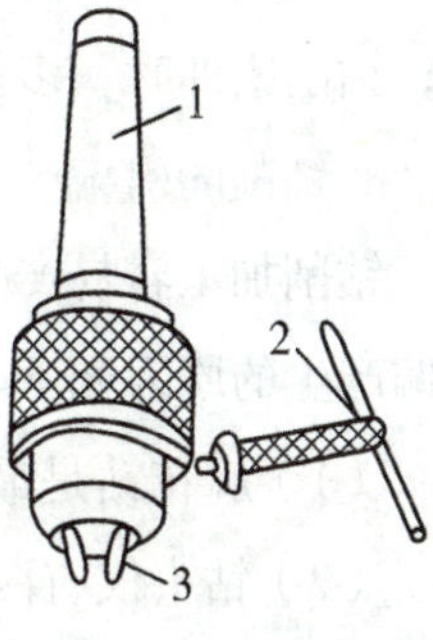

1- 锥柄；2- 紧固扳手；
3- 钻夹头 – 自动定心夹爪。

图 5-7 钻夹头

渡套筒安装，安装时将钻头向上推压。

钻夹头（或过渡套筒）的拆卸方法是将楔铁插入钻床主轴侧边的扁孔内，左手握住钻夹头，右手用锤子敲击楔铁卸下钻夹头。

（2）工件的装夹

钻孔时零件夹持方法与零件生产批量及孔的加工要求有关。生产批量较大或精度要求较高时，零件一般是用钻模来装夹的，单件小批生产或加工要求较低时，零件经划线确定孔中心位置后，多数装夹在通用夹具或工作台上钻孔。

常用的装夹工具有平口虎钳、手虎钳、V形铁、压板等。这些工具的使用与零件形状及孔径大小有关。

6. 钻削用量

钻孔钻削用量包括钻头的钻削速度（m/min）或转速（r/min）和进给量（钻头每转一周沿轴向移动的距离）。

钻削用量受钻床功率、钻头强度、钻头耐用度和零件精度等许多因素的限制。因此，如何合理选择钻削用量直接关系到钻孔生产率、钻孔质量和钻头的寿命。

选择钻削用量可以用查表方法，也可以考虑零件材料的软硬、孔径大小及精度要求，凭经验选定一个进给量。

7. 钻孔操作

钻孔前，工件要划线定心，并在孔中心处打出样冲眼。

钻孔时，钻头旋转并轴向移动，进给速度要均匀，钻深孔（孔深与直径之比 $L/d>5$）时，钻头必须经常退出排屑；钻大孔（$d>30$ mm）时，应分两次钻出，先钻孔径的 0.5 ～ 0.7 倍，再用所需孔径的钻头把孔扩大。

钻盲孔时，要注意控制孔的深度，可以调整好钻床上的深度标尺挡块，也可以安置控制长度的量具或用粉笔做标记。

钻削钢件时，为降低表面粗糙度，多使用机油做切削液，为提高生产率，多使用乳化液；钻削铝件时，多使用乳化液或煤油；钻削铸铁件时，多使用煤油。

8. 钻削的引偏

钻削加工容易产生“引偏”，由于钻头弯曲、孔的轴线歪斜而引起孔径扩大，孔不圆。引偏产生的原因如下。

（1）麻花钻是最常用刀具，它细长而刚性差。

（2）钻头仅有两条很窄的二棱边与孔壁接触，接触刚度和导向作用也很差。

（3）钻头横刃处前角有很大负值，切削条件极差，钻孔时一半以上的轴向力由横刃产生，稍有偏斜将产生较大附加力矩，使钻头弯曲。此外，两切削刃不对称，工件材料不均匀，也易引偏。

9. 钻孔的安全操作

出于安全考虑，钻孔需要注意以下事项。

（1）钻孔时工件要夹紧。

（2）钻孔时不准戴手套；女同志要戴工作帽、将长发盘于工作帽中。

（3）清理切屑不能用手去拉或用嘴吹，应用钩子或刷子清理，钻钢料时应加冷却液或润滑液；工作中不准清理切削。

（4）钻孔时，工作台上不准放刀具、量具等物，夹紧或松开钻夹头应用钻钥匙，不准用手锤等物敲打。

（5）调整转速，应先停机再调。

5.4.2　扩孔与铰孔

扩孔与铰孔是用扩孔钻在工件上已经钻出、铸出或锻出的孔的基础上所做的进一步加工，以扩大孔径，提高孔的加工精度。

扩孔与铰孔可在钻床、车床或镗床上进行。

1. 扩孔

对精度要求高、表面要求光洁的小孔，在钻削后常常采用扩孔的方式来进行半精加工。

（1）概念

用扩孔工具扩大工件孔径的加工方法称为扩孔。在钻床的扩孔是用扩孔钻对铸出、锻出或已钻出的孔进行扩大孔径的加工。

（2）扩孔钻

一般用麻花钻作扩孔钻扩孔。还可以采用专用扩孔钻扩孔。

图 5-8　扩孔钻

扩孔钻如图 5-8 所示，有如下特点。

① 导向性好

扩孔钻与麻花钻相似，由于容屑槽浅而窄，通常可在刀体上做出有 3 或 4 个切削刃，这样既能提高生产效率，又能增加切削刃的棱边数，从而增强扩孔时刀具的导向及修光作用，有利于提高加工质量，切削也比较稳定。

② 刚性好

由于扩孔时切削深度较小，$a_p=(D-d)/2$，切屑少，容屑槽可做得浅而窄，使钻心部分较粗大，大大提高刀体的刚度。

③ 切削条件好

扩孔钻的切削刃不必自外缘延续到中心，无横刃，避免了横刃及其引起的不良影响。轴向力较小，可采用较大的进给量，生产率较高。另外，由于切屑少，排屑就比较顺利，从而不易刮伤已加工表面。

因此，大大提高了切削效率和加工质量。

（3）特点

扩孔可以校正孔的轴线偏差、提高孔的精度，属半精加工，尺寸精度为 IT10 ～ IT9，表面粗糙度为 6.3 ～ 3.2 μm。扩孔可以作为要求不高的孔的终加工，也可以作为铰孔前的预加工。

由于扩孔的工作条件比钻孔时好得多，故在相同直径情况下扩孔的进给量可比钻孔大 1.5 ～ 2 倍。扩孔钻削用量可查表，也可按经验选取。

2. 铰孔

铰孔是在钻孔或扩孔后提高孔的精度常用的方法，广泛地应用于中、小尺寸孔的半精加工和精加工。

（1）概念

铰孔是利用铰刀从已加工的孔壁切除薄层金属，以获得精确的孔径和几何形状以及较低的表面粗糙度的切削加工。

铰孔一般在钻孔、扩孔或镗孔以后进行，用于加工精密的圆柱孔和锥孔，加工孔径范围一般为 3 ～ 100 mm。由于铰刀的切削刃长，铰削时各刀齿同时参加切削，生产效率高，在孔的精加工中应用较广。加工精度为 IT6 ～ IT8 级；表面粗糙度 *Ra* 为 1.6 ～ 0.4 μm。

铰削的工作方式一般是工件不动，由铰刀旋转并向孔中做轴向进给。在车床上铰削时，工件旋转，铰刀做轴向进给。

铰削过程中，铰刀前端的切削部分进行切削，后面的校准部分起引导、防振、修光和校准作用。

铰削可分粗铰和精铰，一般在车床、镗床或钻床上进行，称为机铰，也可手工铰削。

铰孔的尺寸和几何形状精度直接由铰刀决定。

（2）铰刀

铰孔所用的刀具叫铰刀，如图 5-9 所示。铰刀是具有一个或多个刀齿，用以切除已加工孔表面薄层金属的旋转刀具。

铰刀有手用和机用两种。手用铰刀尾部为直柄，工作部分较长，钳工常用手用铰刀进行铰孔；机用铰刀尾部多为锥柄，可安装在车床、钻床或镗床上铰孔。

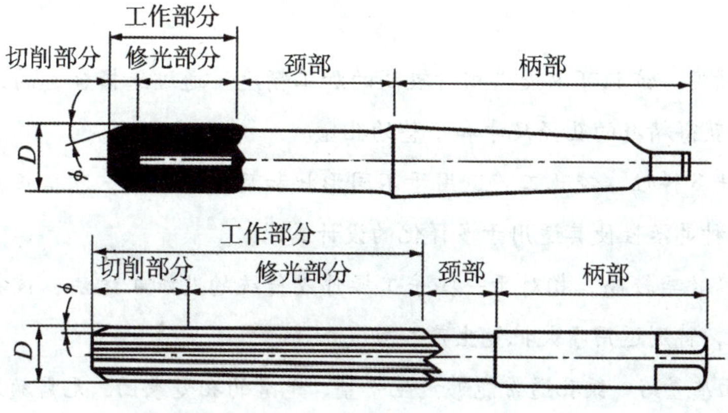

图 5-9　铰刀

铰刀结构大部分由工作部分及柄部组成。

工作部分主要起切削和校准功能，校准处直径有倒锥度，有 2 ～ 7 个切削刃，刀刃的齿槽很浅。而柄部则用于被夹具夹持，有直柄和锥柄之分。

（3）注意事项

铰孔时选用的切削速度较低，进给量较大，并使用切削液，铰铸铁件用煤油，铰钢件用乳化液。铰孔时铰刀不能倒转。钳工经常遇到的锥销孔，一般用相应的圆锥手用铰刀进行铰削。

（4）特点

铰孔的加工特点如下。

① 加工余量小

铰孔加工属于精加工，一般在扩孔之后进行，加工余量较小。粗铰时为 0.50 ～ 0.15 mm，精铰时为 0.25 ～ 0.05 mm。

② 加工质量高

铰孔精度一般可达 IT8，表面粗糙度 *Ra* 为 3.2 ～ 0.81 μm，手铰时精度甚至可以达到 IT6，*Ra* 可达 0.4 ～ 0.1 μm。

③ 不能提高位置精度

铰孔可以有效地提高孔的尺寸精度和表面质量，但一般不能提高孔的位置精度。

拓展阅读

铰孔工艺的优势和劣势

铰孔是一种金属加工工艺，通过使用铰刀或铰床，在工件上形成圆孔。这种工艺有一些优势和劣势如下。

1. 优势

（1）高精度。铰孔可以提供相对较高的加工精度。通过选择合适的工具和控制加工参数，可以获得精准的孔径尺寸和平整的孔壁。

（2）形状多样性。铰孔工艺适用于不同形状和尺寸的孔洞，包括正圆孔、椭圆孔和异形孔。这种灵活性使其适用于多样化的设计需求。

（3）生产效率较高。相对于一些手工操作或传统的孔加工方法，铰孔通常具有较高的生产效率，特别适用于大批量生产和重复加工。

（4）表面质量好。铰孔通常能够产生平整、光滑的孔壁表面，无需额外的后处理。这对一些对表面质量要求较高的应用是有利的。

（5）适用于多种材料。铰孔工艺适用于多种金属材料，包括钢、铜、铝等。它也可用于一些塑料和复合材料的加工。

2. 劣势

（1）工具磨损。铰孔工具在使用过程中可能会受到磨损，特别是在大批量生产中。这可能需要定期更换铰刀，增加了生产成本。

（2）不适用于非金属材料。铰孔主要用于金属材料的加工，对于一些非金属材料，如玻璃、陶瓷等，铰孔可能不太适用。

（3）加工过程相对复杂。相对于一些简单的孔加工方法，铰孔的加工过程可能相对复杂，需要较为专业的设备和操作技能。

（4）不适用于小孔直径。对于小直径的孔，铰孔可能不如其他加工方法（如钻孔）高效。在这种情况下，可能需要考虑其他加工工艺。

（5）可能产生切屑。在铰孔过程中，可能会产生一些切屑，需要注意清理和处理，以确保加工后的孔洞质量。

铰孔工艺适用于许多工程和制造领域，但在选择加工方法时，需要综合考虑工件的特性、要求和生产规模。

5.5 攻螺纹、套螺纹

三角螺纹零件的制造，除机械加工手段外，还可借助钳工攻螺纹与套螺纹的技术来实现，这是一种广泛应用的螺纹加工策略。

攻螺纹和套螺纹可用手工操作，也可用车床、钻床、攻丝机和套丝机。在攻螺纹和套螺纹时，刀具（丝锥或板牙）与工件做相对旋转运动，并由先形成的螺纹沟槽引导刀具（或工件）做轴向移动。

由于攻螺纹和套螺纹的加工精度较低，因此主要用于加工精度要求不高的普通螺纹。

5.5.1　攻螺纹

攻螺纹又称攻丝，是钳工加工内螺纹的一个基本操作技能。对于小尺寸的内螺纹，攻丝几乎是唯一有效的加工方法。

1. 攻螺纹的概念

用丝锥在工件的圆孔内表面上加工出内螺纹的操作称为攻螺纹，指的是用一定的扭矩将丝锥旋入要钻的底孔中加工出内螺纹。

单件小批量生产中，可以用手用丝锥手工攻丝；当批量较大时，则应在车床、钻床或攻丝机上用机用丝锥加工。

攻丝是属于比较困难的加工工序，因为丝锥几乎是被埋在工件中进行切削，其每齿的加工负荷比其他刀具都要大，并且丝锥沿着螺纹与工件接触面非常大，切削螺纹时它必须容纳并排除切屑，因此，可以说丝锥是在很恶劣的条件下工作的。

2. 攻螺纹的工具

攻螺纹的工具一般有丝锥和铰杠。

（1）丝锥

丝锥是加工各种中、小尺寸内螺纹的刀具，如图 5-10 所示。

丝锥由高速钢或碳素钢制成，它结构简单，使用方便，既可手工操作，也可以在机床上工作，在生产中应用得非常广泛，是制造业操作者加工内螺纹的专门工具和最主要工具。每个丝锥都有工作部分和柄部组成。工作部分由切削部分和校准部分组成。

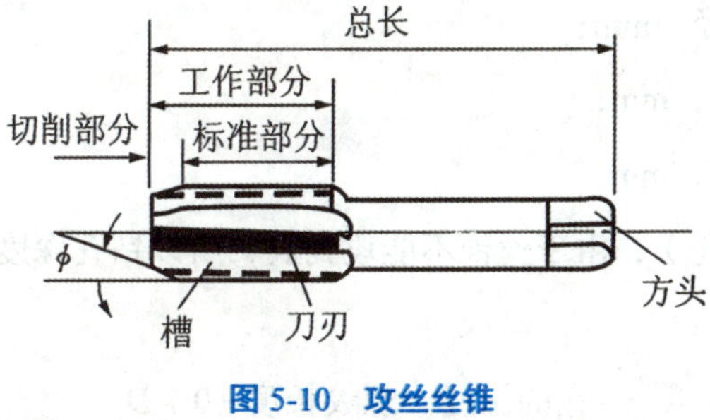

图 5-10　攻丝丝锥

切削部分有不完整的牙齿部分，是切削螺纹的重要部分，常磨出锥角，以便将切削负荷分配在几个刀齿上；校准部分有完整的齿形，用于校准已切出的螺纹，并引导丝锥沿轴向运动；柄部有方榫，便于装在铰手内传递扭矩。

丝锥工作部分一般沿轴向开有 3 ～ 4 条容屑槽，以容纳切屑，并形成切削刃和前角 γ，切削部分的锥面上铲磨出后角 α。为了减少丝锥的校准部分对零件材料的摩擦和挤压，它的外、中径均有倒锥度。

通常 M6 ～ M24 的丝锥一套为两支，称头锥、二锥；M6 以下及 M24 以上的一套有三支即头锥、二锥和三锥。

其目的是首先合理分配切削余量，保证螺纹加工质量；其次，头锥的锥角较大，易攻入工件，因此攻丝时先用头锥后用二锥。

（2）铰杠

铰杠是用来夹持并扳转丝锥的工具。

常用的铰手有固定式和可调式两种。一般用可调式的，旋转手柄即可调节方孔的大小，以便夹持不同尺寸的丝锥。铰杠长度应根据丝锥尺寸大小进行选择，以便控制攻螺纹时的扭矩，防止丝锥因施力不当而扭断。

3. 攻螺纹方法

手工攻丝过程如下。

（1）攻螺纹底孔直径

攻丝前需要钻底孔。钻底孔就要先确定其内表面的直径，然后确定钻头的直径。

丝锥在攻螺纹的过程中，切削刃主要是切削金属，但还有挤压金属的作用，因而造成金属凸起并向牙尖流动的现象，所以攻螺纹前，钻削的底孔直径（钻头直径）应略大于螺纹小径。

钻头直径 D_1 可根据以下经验公式选择。

加工钢料或塑性材料时：$D_1=d-p$（mm）；

加工铸铁或脆性材料时：$D_1=d-1.1p$（mm）。

式中　D_1——钻头直径，mm；

d——螺纹大径，mm；

p——螺纹螺距，mm。

若孔为盲孔（不通孔），由于丝锥不能攻到底，所以钻孔深度要大于螺纹长度，其尺寸按下式计算

$$孔的深度 = 螺纹长度 +0.7\,D$$

（2）圆孔口的倒角

攻螺纹前要在钻孔的孔口进行倒角，以利于丝锥的定位和切入。倒角的深度大于螺纹

的螺距。通孔螺纹两端都倒角。

（3）手工攻螺纹的操作要领和注意事项

① 装夹工件时，要使孔中心垂直于钳口，防止螺纹攻歪。

② 根据工件上螺纹孔的规格，正确选择丝锥，先头锥后二锥，不可颠倒使用。

③ 用头锥攻螺纹时，将丝锥垂直地放入工件的孔内，必须使丝锥中心线与钻孔中心线一致。

④ 两手均匀转动铰杆，并轴向加压力，使丝锥进刀。

⑤ 旋入 1 ～ 2 圈后，要检查丝锥是否与孔端面垂直（可目测或直角尺在互相垂直的两个方向检查）；一般切入 3 ～ 4 圈螺纹时，丝锥位置应正确无误。

⑥ 切削部分已切入工件后，只需转动绞手，而不应再对丝锥施加压力，以免丝锥崩牙或者螺纹牙形损坏。

⑦ 每转 1 ～ 2 圈应反转 1/4 圈，以便切屑断落，以免阻塞。

⑧ 用二锥攻丝时，先将丝锥放入孔内，用手旋入几圈后，再用铰杠转动，不需加压。

⑨ 如果丝锥旋转困难不可增加旋转力，否则丝锥会折断。

⑩ 攻钢件上的内螺纹，要加机油润滑，可使螺纹光洁、省力和延长丝锥使用寿命；攻铸铁上的内螺纹可不加润滑剂可加煤油；攻铝及铝合金、紫铜上的内螺纹，可加乳化液。

⑪ 不要用嘴直接吹切屑，以防切屑飞入眼内。

（4）机攻注意事项

① 机攻时，丝锥与螺孔要保持同轴性。

② 机攻时，丝锥的校准部分不能全部出头，否则在反车退出丝锥时会产生乱牙。

5.5.2 套螺纹

套螺纹，俗称套丝、套扣，是钳工加工外螺纹的一个基本操作技能。

1. 套螺纹的概念

用板牙在圆柱杆上的外表面上加工出外螺纹的操作称为套螺纹。套扣的螺纹直径一般不超过 16 mm，它既可以手工操作，也可以在机床上进行。

2. 套螺纹的工具

套扣用的工具一般有板牙和板牙架。

（1）板牙

板牙是加工外螺纹的刀具。板牙用合金工具钢 9SiGr 制成，并经热处理淬硬。其外形像一个圆螺母，只是上面钻有 3 ～ 4 个排屑孔，并形成刀刃。

板牙由切屑部分、定位部分和排屑孔组成。圆板牙螺孔的两端有 40° 的锥度部分，是板牙的切削部分。定位部分起修光作用。板牙的外圆有一条深槽和四个锥坑，锥坑用于定位和紧固板牙。

（2）板牙架

板牙架是用来夹持板牙、传递扭矩的工具，如图 5-11 所示。

图 5-11 板牙架

不同外径的板牙应选用不同的板牙架。

3. 套螺纹方法

手工套丝过程如下。

（1）套螺纹圆杆直径

套丝前，需要先确定圆杆外表面的直径。

套丝和攻丝相同，在切削过程中有挤压金属的作用，所以圆杆外表面的直径应略小于螺纹大径。

圆杆直径可按以下经验公式计算，并在端部倒角 15° ～ 20°，以便攻入。

$$d_1=(d-0.13p)$$

式中 d_1——钻头直径，mm；

d——螺纹大径，mm；

p——螺纹螺距，mm。

（2）圆杆端部的倒角

套螺纹前圆杆端部应倒角，使板牙容易对准工件中心，同时也容易切入。倒角长度应大于一个螺距，斜角为 15° ～ 30°。

4. 套螺纹的操作要点和注意事项

（1）套螺纹时，板牙端面应与圆杆垂直，操作时用力要均匀。

（2）开始工作时应慢些转动板牙，并稍加压力，套入几圈后，只需转动铰杠而不需加压，经常反转以便断屑。

（3）每次套螺纹前应将板牙排屑槽内及螺纹内的切屑清除干净。

（4）套螺纹前要检查圆杆直径大小和端部倒角。

（5）套螺纹时切削扭矩很大，易损坏圆杆的已加工面，所以应使用硬木制的 V 形槽衬垫或用厚铜板作保护片来夹持工件。

（6）工件伸出钳口的长度，在不影响螺纹要求长度的前提下，应尽量短。

（7）在钢制圆杆上套螺纹时要加机油润滑。

拓展阅读

钳工在现实生活中的应用

钳工是一种常见的金属加工和装配工艺，其在现实生活中有广泛的应用。以下是钳工在现实生活中的一些常见应用。

（1）维修和修理。钳工工具常被用于家庭和汽车维修，例如，修理家具、自行车、汽车零部件等。

（2）电工作业。在电气工作中，钳工工具用于裁剪、剥离、压接电线，安装插座和电器开关等。

（3）建筑领域。钳工工具用于切割、弯曲和安装建筑材料，处理金属结构、管道和电缆。

（4）管道工程。钳工工具在管道工程中有广泛应用，用于切割、连接和安装管道。

（5）金属加工。钳工工具在金属加工行业中用于切削、弯曲、压制和组装金属零部件。

（6）制造业。钳工工具常用于制造业中，例如在组装生产线上用于夹持、固定和装配零部件。

（7）农业领域。农民可以使用钳工工具进行修理农具、修剪树木，以及处理和加工农业产品。

（8）艺术和手工艺。钳工工具在艺术和手工艺品制作中发挥作用，用于切削、折叠、弯曲和连接材料。

(9)航空航天和汽车制造。钳工工具在航空航天和汽车制造中用于加工、装配和维修飞机和汽车零部件。

(10)医疗器械制造。在医疗器械制造领域，钳工工具用于加工和组装各种医疗设备和工具。

这些应用显示了钳工在各个领域中的多功能性和重要性。无论是家庭维修、建筑工程、制造业还是其他领域，钳工工具都是不可或缺的工具之一，为各种任务提供了有效的解决方案。

本章小结

本章主要介绍了钳工的核心内容和操作技术。首先介绍了钳工常用工具和设备的使用方法及使用；其次介绍了划线、锯削、锉削、钻孔、扩孔、铰孔等基础加工步骤；最后介绍了钳工操作的基本技能，攻螺纹和套螺纹的加工技术。通过本章的学习，帮助读者了解了钳工的基本知识和实践技能，为读者在钳工领域的操作和技术进步打下了坚实的基础。

课后思考

1. 通过本项目的学习，我懂得了：

(1)________________

(2)________________

(3)________________

2. 关于钳工的加工范围，我有以下新认识：

(1)________________

(2)________________

(3)________________

3. 在现实生活中，我接触过以下方面的钳工技术：

（1）______________________________

（2）______________________________

（3）______________________________

第 6 章　机 械 加 工

本章导读

机械加工是一种利用机械设备对材料进行各种形式的加工，以获得所需形状、尺寸和表面质量的过程。其主要内容包括车削、铣削、磨削等多种加工方法。本章将重点介绍这些加工方法的主要用具、基本原理以及操作方法。

学习目标

◎知识目标

1. 了解机械加工的常用方法。
2. 了解切削运动和切削用量的原理。
3. 了解切削用量选择的基本原则。

◎技能目标

1. 掌握车削加工的基本常识。
2. 掌握铣削加工的方法和技能。
3. 掌握磨削加工的方法和技能。

◎素质目标

1. 提升学生对机械加工的整体认知。

2. 增强学生对机械加工的学习和研究意识，拓宽金工领域知识结构。

◎思政目标

机械加工是金工实习里非常重要的一环，通过机械加工相关知识技能的学习，有助于培养学生全面发展，使他们不仅在技术上具备专业知识和技能，同时也具备良好的思想政治素质和社会责任感，为社会做出积极贡献。

6.1 机械加工概述

机械加工是金工行业的一项重要工艺，它通过对金属进行切削、成形、组装等操作，制造出各种零部件和产品。机械加工也是利用机械力对各种工件进行加工的方法。

机械加工

机械加工常用的方法有：车削、铣削、刨削、磨削、钻削、镗削、拉削、齿轮加工等。机械加工占机械制造总工作量的 40%～60%，对于形状复杂或加工精度和表面质量要求较高的零件，需要经过几道甚至几十道加工工序才能完成。

6.1.1 切削运动和切削用量

1. 切削运动

在切削过程中，刀具和工件之间的相对运动，即切削运动。切削运动包括主运动和进给运动。主运动是由机床或人力提供的主要运动，它促使刀具和工件之间产生相对运动从而使刀具前面接近工件。主运动的速度最高、消耗机床动力最大，主运动只有一个。进给运动是由机床或人力提供的运动，它使刀具与工件之间产生附加的相对运动，加上主运动，即可不断地或连续地切除切屑，并得出具有所需几何特性的已加工面。没有进给运动就无法进行连续切削，进给运动可以有一个或多个。

2. 切削用量

机械加工的切削用量又称切削用量三要素，包括切削速度 v_c、进给量 f 和背吃刀量 a_p。

（1）切削速度。切削速度是指切削刃选定点相对于工件的主运动的瞬时速度。也就是单位时间内，刀具和工件沿主运动方向的相对位移，当主运动是回转运动时，即

$$v_c = \frac{\pi d_w n}{1\,000 \times 60}$$

式中　v_c——切削速度，m/s；

d_w——工件待加工面的直径，mm；

n——工件的转速，r/min。

（2）进给量 f。刀具在进给运动方向上相对工件的位移量，可用刀具或工件每转或每行程的位移量来表述和度量，单位为 mm/r 或 mm/ 次。

（3）背吃刀量 a_p。在通过切削刃基点并垂直于工作平面的方向上测量的吃刀量，又称切削深度，即

$$a_p = \frac{d_w - d_m}{2}$$

式中　a_p——背吃刀量，mm；

d_w——工件待加工面的直径，mm；

d_m——工件已加工面的直径，mm。

6.1.2　刀具材料

1. 刀具材料应具备的性能

刀具材料是指刀具切削部分的材料。在切削过程中，刀具要承受很大的切削力及高温、摩擦、振动和冲击，所以刀具材料应具备足够的强度、高硬度、高耐磨性、高冲击韧度和高耐热性（又称红硬性，即刀具在高温下保持高硬度、高耐磨性、高强度及抗氧化、抗粘结等的能力），另外，还应具备良好的工艺性和经济性。

2. 刀具材料的种类

刀具材料有：碳素工具钢、合金工具钢、高速工具钢、硬质合金、陶瓷、立方氮化硼、金刚石等。最常用的是高速工具钢和硬质合金。高速工具钢是含钨、铬、钼、钒等合金元素的高合金工具钢。硬质合金是以高硬度、高熔点的金属碳化物为基体，以钴、镍等金属为粘结剂，用粉末冶金的方法制成的合金。常用刀具材料的牌号、性能和应用范围见表 6-1。

表 6-1　常用刀具材料的牌号、性能和应用范围

种类		常用牌号	硬度 HRC（HRA）	耐热温度 /℃	抗弯强度 /GPa	应用范围
工具钢	碳素工具钢	T10 A T12 A	60 ～ 65	200 ～ 250	2.45 ～ 2.75	用于手动工具：丝锥、板牙、锉刀、锯条、刮刀和凿子等
	合金工具钢	9SiCr CrWMn	60 ～ 65	300 ～ 400	2.45 ～ 2.75	用于手动或低速机动刀具：丝锥、板牙、铰刀和拉刀等
	高速工具钢	W18Cr4 V	63 ～ 70	540 ～ 650	3.43 ～ 4.41	用于各种刀具，尤其是形状复杂的刀具：钻头、铣刀、拉刀、齿轮刀具、丝锥、板牙和铰刀等

续表

种类		常用牌号	硬度 HRC（HRA）	耐热温度 /℃	抗弯强度 /GPa	应用范围	
硬质合金	钨钴类	K01 K20 K30	（89～91.5）	800～900	1.08～1.47	加工铸铁、有色金属	用于车刀、铣刀、刨刀、钻头、滚刀的切削部分，特小型钻头和铣刀的整体
硬质合金	钨钛钴类	P30 P10				加工碳素钢、合金钢	

6.1.3 刀具的结构及主要角度

常用的刀具有：车刀、铣刀、刨刀、镗刀、钻头、拉刀、成形刀具、齿轮刀具和砂轮等。虽然刀具的种类繁多，但其切削部分都是由车刀演变而来，所以这里以车刀为例，介绍刀具切削部分的结构要素和几何角度。

1. 刀具切削部分的结构

刀具切削部分的结构如图 6-1 所示，刀具切削部分的结构要素如下。

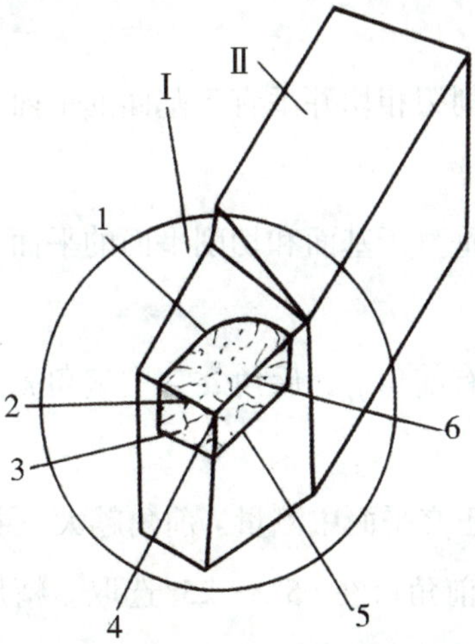

1- 前面；2- 副切削刃；3- 副后面；4- 刀尖；5- 主后面；6- 主切削刃；Ⅰ- 切削部分；Ⅱ- 夹持部分。

图 6-1 刀具切削部分的结构

（1）前面

刀具上切屑流过的表面，它直接作用于被切削的金属层，并控制切屑流动的刀面。

（2）副切削刃

切削刃上除主切削刃以外的刃，亦起始于主偏角为零的点，但它向背离主切削刃的方向延伸，它担负部分切削工作。

（3）副后面

刀具上同前面相交形成副切削刃的后面，它是与工件上已加工面相对的刀面。

（4）刀尖

刀尖指主切削刃与副切削刃的连接处相当少的一部分切削刃，许多刀具都成圆弧形过渡刃。

（5）主后面

刀具上同前面相交形成主切削刃的后面，它是与工件上的加工面相对的刀面。

（6）主切削刃

起始于切削刃上主偏角为零的点，并至少有一段切削刃拟用来在工件上切出过渡表面的那个整段切削刃。它完成主要的切削工作。

2. 标注刀具角度的参考平面

为便于确定刀具的主要角度，先建立以下三个相互垂直的参考平面。

（1）基面

过切削刃选定点的平面，它平行或垂直于刀具在制造、刃磨及测量时适合于安装或定位的一个平面或轴线，一般说来其方位要垂直于假定的主运动方向。

（2）切削平面

通过切削刃选定点与主切削刃相切并垂直于基面的平面。

（3）正交平面

通过切削刃选定点并同时垂直于基面和切削平面的平面。

3. 刀具的标注角度

刀具切削部分的主要角度有前角 γ_0、后角 α_0、主偏角 k_r，及副偏角 k'_r。

（1）前角 γ_0

前面与基面间的夹角，在正交平面中测量。前角越大，主切削刃越锋利，但前角越大，主切削刃强度越低，易崩刃。前角可在 $-5° \sim 25°$ 选取。精加工或加工塑性材料时，前角应较大；粗加工或加工脆性材料时，前角应较小。

（2）后角 α_0

后面与切削平面间的夹角，在正交平面中测量。后角可减小主后面与工件的摩擦及主后面的磨损。但后角越大，主切削刃强度也越低。后角取值范围为 $3° \sim 12°$，粗加工取较小值，精加工取较大值。

（3）主偏角 k_r

主切削平面与假定工作平面间的夹角，在基面中测量。主偏角减小，主切削刃参加切削的长度增加，刀具磨损减慢，但作用于工件的径向力会增加。常用刀具的主偏角为 45° ～ 90°，加工细长轴时主偏角为 75° 或 90° 。

（4）副偏角 k'_r

副切削平面与假定工作平面间的夹角，在基面中测量。副偏角可减小副切削刃与工件已加工面之间的摩擦，减小已加工面的粗糙度值。副偏角一般取 5° ～ 15° 。当进给量一定时，副偏角越小，粗糙度值越小，所以，精加工时副偏角应较小。

6.1.4　切削用量选择

切削用量的选择取决于刀具使用寿命、生产率、加工质量、加工的经济性、机床、刀具的刚度等因素。

1. 刀具的使用寿命

在切削过程中，刀具要克服工件材料的变形、刀具与工件的摩擦、切屑的底部与前面的摩擦。同时，在切削过程中，由于切屑的变形、切屑与刀具前面的摩擦、刀具后面与工件的摩擦产生大量的切削热，使刀具切削部位温度很高，因此刀具的耐磨性和硬度降低。刀具使用一段时间以后，前后面会磨损，从而使切削力和动力消耗增加，加工质量降低，甚至损坏刀具，因此，刀具磨损到一定限度时必须重新刃磨。

刀具的磨损限度以后面的磨损带高度作为标准，但在实际生产中不能经常测量后面的磨损带高度是否达到磨钝标准，而是根据刀具进行切削的时间来判断。刀具从开始切削至达到磨钝标准的切削总时间称为刀具使用寿命。

2. 切削用量的选择

选择大的切削用量能节省切削时间，提高生产率，但刀具使用寿命会降低，增加了磨刀时间；选择小的切削用量，刀具使用寿命增大，但切削时间又会增加。所以，要提高生产率，必须合理选择切削用量。

在切削用量中，切削速度 v_c 对刀具使用寿命的影响最大，其次是进给量 f，最小的是背吃刀量 a_p，而进给量 f 和背吃刀量 a_p 增大又会使加工精度和表面质量降低。

综上所述，切削用量选择的基本原则如下。

（1）粗加工时，应在最短的时间内切除尽量多的多余金属，所以应根据刀具使用寿命、加工余量和机床、刀具、夹具的刚度，首先选取尽量大的背吃刀量 a_p，然后取较大的进给量 f，最后选择一定的切削速度 v_c。

（2）精加工时，为保证加工精度和表面质量，先选用小的进给量 f 和背吃刀量 a_p，再选用较大或较小的切削速度 v_c。

拓展阅读

机械加工在现实中的应用

机械加工在现实中有广泛的应用，涉及多个行业和领域。以下是机械加工在现实中的一些主要应用领域。

1. 制造业

机械加工在制造业中是一项关键的工艺。它用于生产各种零部件和产品，包括汽车零件、飞机零件、机械设备、工具等。各种金属和合金的切削、铣削、钻孔、车削等工艺都属于机械加工的范畴。

2. 航空航天业

航空航天行业对高精度零部件的需求非常高，机械加工在制造飞机、火箭和卫星等航空航天设备的过程中发挥着关键作用。精密的零部件制造和装配通常需要先进的机械加工工艺。

3. 汽车工业

汽车制造过程中，机械加工用于生产发动机零部件、车身结构、悬挂系统等。零部件的加工精度和质量直接影响汽车的性能和安全性。

4. 能源行业

在能源领域，机械加工用于制造石油和天然气钻探设备、核能设备、风力涡轮机零部件等。这些设备通常需要高度的工艺精度和可靠性。

5. 医疗设备

医疗设备的制造涉及到高精度的零部件，例如手术器械、人工关节、医疗成像设备等。机械加工在医疗设备制造中扮演着至关重要的角色。

6. 电子行业

电子设备的制造过程中需要制造精密的电子元件和设备外壳。机械加工用于加工金属和塑料零部件，确保其符合电子产品的设计要求。

7. 模具制造

模具制造是机械加工的一个重要领域，用于生产各种塑料制品、金属铸件等。高精度的模具对产品的质量和外观有重要影响。

8. 船舶制造

在船舶制造领域，机械加工用于加工船体结构、船舶引擎、螺旋桨等零部件。这涉及到大型工件的铣削、车削等加工。

9. 建筑和建筑材料

在建筑领域，机械加工用于生产建筑结构和建筑材料，如各种型材、连接件等。

机械加工在制造业的各个领域都发挥着至关重要的作用，为各种产品提供了高质量、高精度的零部件。

6.2　车削加工

车削加工是指工件旋转作主运动，车刀作进给运动的切削加工方法。车削在机械加工中占有非常重要的地位，加工范围广泛。

6.2.1　车床

车床的种类很多，如卧式车床、立式车床、转塔车床、数控车床等等，应用范围最广的是卧式车床，下面介绍卧式车床的型号、组成及传动系统。

1. 卧式车床的型号

车床型号由汉语拼音字母和数字组成，下面以 C6132 A 为例进行说明，如图 6-2 所示。

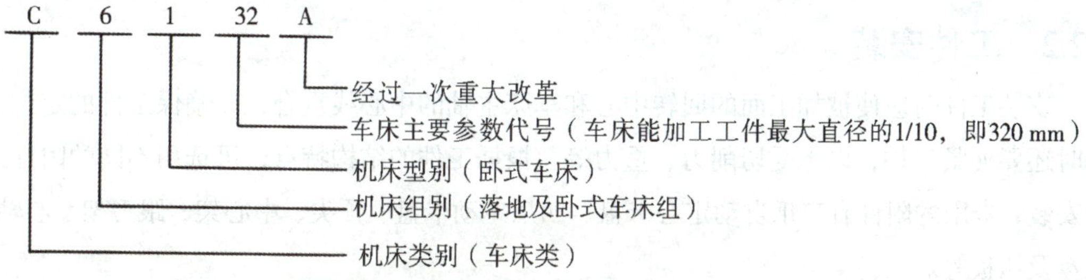

图 6-2　C6132 A 车床型号示意图

2. 卧式车床的组成部分

卧式车床的主要组成部分如下。

（1）床身。用来安装车床各部件，并保证各部件之间准确的相对位置。床身上面有保证床鞍正确移动的三角形导轨和供尾座正确移动的平导轨。

（2）变速箱。内装变速机构，通过变速箱改变转速。

（3）主轴箱。支承主轴且内装部分主轴变速机构。

（4）进给箱。内装进给运动的变速机构。

（5）溜板箱。与床鞍和刀架连接，将转动转变为车刀的纵向和横向移动。

（6）刀架。用来夹持车刀使其作横向、纵向或斜向进给。

（7）尾座。安装于床身导轨上并可沿导轨移动。在尾座的套筒内可安装顶尖或安装用于孔加工的钻头、铰刀等刀具。

（8）床腿。支承床身并与地基连接。

3. 卧式车床的传动系统

C6132 车床传动系统示意框图如图 6-3 所示。

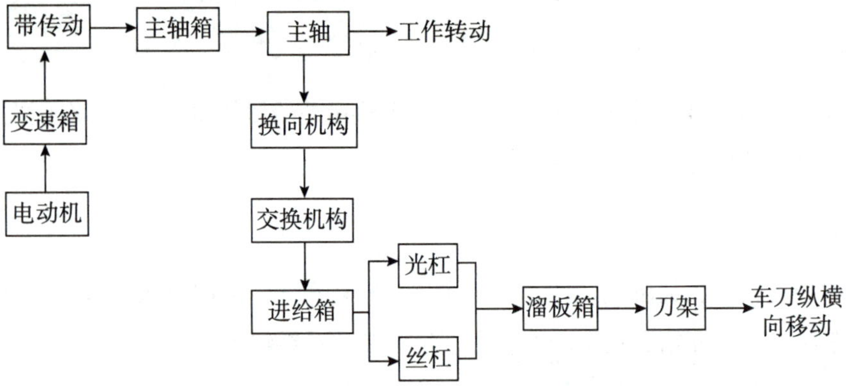

图 6-3　C6132 车床传动系统示意框图

车床传动系统由主运动传动系统和进给运动传动系统组成。主运动传动系统是指从电动机到主轴之间的传动系统。进给运动传动系统是指从主轴至刀架之间的传动系统。

6.2.2　工件安装

安装工件时应使被加工面的回转中心和车床主轴的中心线重合，以确保工件的定位，同时还要夹紧工件，以承受切削力、重力等。根据工件的结构特点，可选用不同的附件进行安装，常用的附件有三爪自动定心卡盘、四爪单动卡盘、顶尖、中心架、跟刀架、心轴、花盘及压板等。

1. 三爪自动定心卡盘安装

三爪自动定心卡盘能自动定心，但定心精度不高。适用于安装截面为圆形或正六边形的短轴类或盘类等工件。

2. 四爪单动卡盘安装

四爪单动卡盘的四个卡爪单独调节不能自动定心。四爪单动卡盘可以安装各种不规则形状的工件，如方形、长方形、偏心、椭圆等工件。

3. 顶尖安装

工件安装于前后顶尖之间，主要用于加工长轴或工序较多且要求有同一定位基准的轴类零件。

4. 中心架和跟刀架的使用

中心架和跟刀架对工件起辅助支承作用。用于加工细长轴，当刚度差时可防止工件弯曲变形。

5. 花盘安装

花盘主要用于安装形状不规则的大型工件，可确保所加工的平面与安装平面平行及所加工的孔或外圆的轴线与安装平面垂直。

6. 心轴安装

把零件安装在心轴上，再把心轴安装在前后顶尖之间来加工外圆或端面。主要用于内、外圆同轴度及端面和孔的垂直度要求较高的盘、套类零件。

6.2.3　量具

量具是用来测量加工出的零件是否符合图样要求的工具。由于被测量零件的尺寸、形状各异，需测量的项目较多，如尺寸精度、形状精度、位置精度及表面粗糙度等，所以量具的种类相应也很多，本节介绍几种常用量具及其用法。

1. 游标卡尺

游标卡尺可以直接测量出工件的外径、内径、宽度和深度等。它是一种精密的量具，按读数值分有 0.1 mm、0.05 mm 和 0.02 mm 等规格；按测量范围分有 0 ～ 125 mm、0 ～ 300 mm 等规格。

2. 千分尺

千分尺分为外径千分尺、内径千分尺和深度千分尺等，测量精度比游标卡尺高，测量精度为 0.01 mm。

3. 卡规与塞规

卡规是检验轴用的量具，塞规是检验孔用的专用量规。成批大量生产时使用卡规和塞规，测量准确、方便。

卡规和塞规都有过端和止端。如测量时，能通过过端，不能通过止端，则工件的实际尺寸在公差范围内，是合格件。

4. 百分表

百分表是将测量杆的直线位移转变为指针角位移的高精度的量具，主要用于检验零件的形状、位置误差，校正工件的安装位置。

6.2.4 车削加工范围

1. 车外圆

车外圆是用车削方法加工工件的外圆表面，一般分直头车刀、弯头车刀、偏头车刀三种，其中，直头车刀用于粗车外圆、光轴或台阶不大的轴；弯头车刀用于车端面和倒角；偏头车刀用于车细长轴或有直角台阶的外圆。

2. 车端面和台阶

（1）车端面

车端面常用弯头车刀和偏头车刀。

（2）台阶

高度小于 5 mm 的台阶，由 90° 偏头车刀车出；高度大于 5 mm 的台阶，用主偏角大于 90° 的偏头车刀分层切削。

3. 切槽和切断

（1）切槽

切削 5 mm 以下的窄槽，用相应宽度的切槽刀一次切出。切削时，刀尖应与工件轴线等高而主切削刃应平行于工件轴线。切削 5 mm 以上的宽槽分多次切出。

（2）切断

切断刀与切槽刀极为相似，但刀头更窄更长，且切断时排屑困难，刀头易折断。

4. 孔加工

在车床上可用钻头、扩孔钻、铰刀和镗刀进行孔加工。

（1）钻孔、扩孔、铰孔

在车床上钻孔，工件安装在卡盘内，由卡盘带动旋转，钻头装在尾座套筒内，手摇手轮可使钻头作纵向进给。

① 钻孔是用钻头在实体材料上加工孔的方法，主要用于孔的粗加工或一次加工出油孔、气孔等辅助孔。

② 扩孔是用扩孔工具扩大工件孔径的加工方法。

③ 铰孔是用铰刀从工件孔壁上切除微量金属层，以提高其尺寸精度和减小表面粗糙度值的方法。

（2）镗孔

镗孔是用镗削方法扩大工件的孔。镗孔可纠正孔的轴线偏斜。

5. 车锥面

车锥面的方法有转动小刀架法、尾座偏移法、宽刀法、靠模法和数控法等。

转动小刀架法是将小刀架扳转工件锥角的一半进行加工。此方法能加工锥角很大的内外短圆锥面。

尾座偏移法是将尾座顶尖横向偏移一个距离，使安装于两顶尖之间的工件回转中心线与车床主轴轴线成半锥角，车出的锥面平行于车刀纵向进给方向。此方法可加工较长的小锥度的外圆锥面。

通过编程，在数控车床上可自动进给车削锥面，且一批工件能获得稳定一致的合格锥度，此加工方法应用愈来愈广。

6. 车螺纹

在车床上可车削出各种螺纹。螺纹车刀的刀尖角（两切削刃的夹角）应等于螺纹的牙形角。精车时，车刀前角应为 0°，安装时刀尖角的角平分线须与工件轴线垂直。

车削螺纹传动要注意的是，车削单头螺纹时，用丝杠传功，应确保工件每转一周，车刀准确地纵向移动一个螺距。

7. 滚花

滚花是用滚花刀挤压工件，使其表面产生塑性变形而形成花纹。

6.2.5　其他车床

除前面介绍的卧式车床外，较为常见的车床还有如下几种。

1. 立式车床

立式车床底座上的圆形工作台，可安装卡盘或花盘，以装夹并带动工件随直立的主轴旋转。

在工作台的后侧有立柱，立柱上有一个横梁和一个侧刀架，它们均能沿着立柱的导轨上下移动。侧刀架上的方刀架可同时夹持 4 把刀具，并可作水平方向的进给。

垂直刀架可在横梁上作水平和垂直进给运动，并能扳转到一定的角度使刀架作斜向进给。垂直刀架上的转塔可同时夹持 5 把刀具。

立式车床上安装和调整工件都方便，并能准确而迅速地更换刀具。安装大型工件后，工作台运行仍然很平稳，而且几个刀架上的刀具可以同时进行溜板切削，生产率高。在立式车床上，可加工内、外圆柱面、圆锥面、端面等，适用于加工重而直径大的工件。

2. 转塔车床

转塔车床（又称六角车床）的结构特点是没有丝杠和尾座，代替尾座的是一个可转动的转塔刀架（又称六角刀架）。转塔刀架安装于溜板上，可随溜板一起作纵向移动，其上面可根据加工顺序安装 6 把不同的刀具。

加工时，转塔刀架周期性地将不同的刀具依次转到加工位置，刀具的工作行程由行程挡块控制，以保证工件加工精度。此外，还有一个与普通车床相似的四方刀架。两个刀架配合使用，可同时对工件进行加工，以便在一次装夹中加工完零件的各个表面。

3. 自动车床和半自动车床

调整好后，只需定时加料，其他工作均能自动完成的车床，称为自动车床。除上、下料由人工操作外，其他工作均能自动完成的车床，称为半自动车床。

自动与半自动车床的种类很多。自动车床的所有工作均由凸轮控制，坯料多为棒料，按照主轴的数目可分为单轴自动车床和多轴自动车床。

电动机通过带传动带动主轴转动，空心主轴右端的夹头夹紧棒料。分配轴每转一转，即是一个工作循环，完成一个工件的加工过程。分配轴上的夹料鼓轮控制夹头的松紧；送料鼓轮控制送料；横向进给凸轮控制装有车刀的方刀架的横向进给运动；纵向进给鼓轮控制装有钻头的尾座的纵向进给运动。

自动与半自动车床的调整时间长，主要用于大批量生产单一品种的零件。

拓展阅读

车削加工工艺的优势和劣势

车削是一种常见的金属加工工艺，通过旋转工件并使用切削工具来去除材料，形成所需的形状。车削加工有一些优势和劣势如下。

1. 优势

（1）高精度。车削加工可以提供较高的加工精度。通过合适的工具选择和调整切削参数，可以获得精确的尺寸和表面质量。

（2）广泛适用。车削适用于各种金属材料，包括钢、铜、铝、不锈钢等。它也可用于加工一些塑料和非金属材料。

（3）高效率。车削通常具有较高的生产效率，特别适用于大批量生产。在自动化车削系统中，可以实现连续、高效的生产过程。

（4）形状灵活性。车削工艺适用于加工各种形状的零件，包括外圆、内圆、棱角和螺纹等。这使得它在多样化的设计需求中具有灵活性。

（5）简单设备。车削设备相对较为简单，易于操作和维护。这使得车削适用于不同规模和水平的生产场景。

2. 劣势

（1）切削力大。车削加工中可能需要较大的切削力，特别是对于硬度较高的金属。

这可能导致设备和刀具的磨损，增加工艺成本。

（2）不适用于小孔加工。对于小直径孔的加工，车削可能不如其他工艺（如钻孔）高效。在这种情况下，可能需要采用其他加工方法。

（3）切削热量。车削加工过程中会产生切削热量，可能导致工件和刀具的温升。对于某些材料，可能需要采取冷却措施以确保加工质量。

（4）工件尺寸限制。车削对工件的最大尺寸有一定限制，特别是在小型车床上。对于大型工件，可能需要采用其他加工方法。

（5）切削噪音。车削加工过程中会产生噪音，这可能对操作人员的健康和工作环境产生一定影响。在需要降噪的环境中，可能需要采取相应的措施。

总体而言，车削是一种常见且广泛应用的加工方法，其优势在于高精度、高效率和广泛适用性。然而，在选择加工方法时，需要根据具体的工件要求和生产场景综合考虑。

6.3 铣削加工

铣削加工是铣刀旋转作主运动，工件或铣刀作进给运动的切削加工方法。铣削主要用于加工各种平面、沟槽、齿轮、齿条和成形面，此外还可以进行孔加工。

铣削用量包括铣削速度、进给量、背吃刀量和侧吃刀量。铣削速度 v_c 是指铣刀最大直径处的线速度，单位为 m/s；进给量常用进给速度 v_f（即切削刃上选定点相对工件的进给运动的瞬时速度）表示，单位为 mm/s；侧吃刀量 a 是指在平行于工作平面并垂直于切削刃基点的进给运动方向上测量的吃刀量，单位为 mm，背吃刀量 a_p 是指在通过切削刃基点并垂直于工作平面的方向上测量的吃刀量，单位为 mm。

铣刀是一种多刃刀具，切削工作是由若干个切削刃共同分担的。铣削时每个刀齿间歇地进行切削，切削刃的散热条件好，可以用较高的铣削速度，因此铣削是一种较高生产率的加工方法。但因铣削是断续切削，加工中易产生振动，影响加工质量。在成批大量生产中，除加工狭长的平面外，铣削几乎可以完全取代刨削。铣削加工是机器制造业中重要的加工方法。

铣削加工的尺寸精度可达 IT9 ～ IT8，表面粗糙度 Ra 为 6.3 ～ 1.6 μm。

6.3.1 铣床

铣床的种类很多，有卧式铣床、立式铣床、工具铣床、龙门铣床和数控铣床等。对于单件小批生产中的中小型零件，以卧式铣床（简称卧铣）和立式铣床（简称立铣）最为常用。

1. 卧式铣床

卧式铣床的主轴与工作台台面相平行，如图 6-4 所示。卧式铣床主要组成部分如下。

（1）床身。床身用来固定和支承铣床所有的零部件。

（2）横梁。横梁的一端装有吊架，用于支承刀杆的悬伸端。

（3）主轴。主轴为空心轴，用于安装铣刀或刀杆。

（4）工作台。工作台自上而下由纵向工作台、转台、横向工作台和升降台等多层结构组成。

（5）底座。底座用于支承床身和升降台。

图 6-4　卧式铣床

2. 立式铣床

立式铣床与卧式铣床在结构上的主要区别是主轴与工作台台面相垂直。有的立式铣床的主轴还可根据加工需要偏转一定的角度。立铣在加工不通的沟槽和台阶面时，比卧铣方便。

6.3.2 铣刀

铣刀是一种多齿刀具，它的刀齿分布在圆柱铣刀的外圆表面或端铣刀的端面上，如图 6-5 所示。

铣刀的分类方法很多，根据安装方法不同可分为带孔铣刀和带柄铣刀两大类。

带孔铣刀有圆柱铣刀、圆盘铣刀、角度铣刀、齿轮铣刀、锯片铣刀和成形铣刀等。

带柄铣刀有立铣刀、键槽铣刀、T 形槽铣刀和镶齿端铣刀等。

带孔铣刀多用于卧式铣床，用长刀杆安装。带柄铣刀多用于立式铣床。

图 6-5　铣刀

6.3.3　铣床的主要附件

铣床的主要附件有机床用平口虎钳、万能铣头、回转工作台和分度头等。

在铣削加工中，经常遇到铣六方、齿轮和花键轴等工作。这时，工件每铣过一个面或槽之后，需要转动一定的角度再铣下一个面或槽，这种分度工作常在万能分度头上进行。

分度头的主轴可以随转动体转动。因此，分度头能对工件在水平、垂直和倾斜位置上进行分度。

分度头主轴头部结构与车床主轴相似，主轴上可安装三爪自定心卡盘来夹持工件，也可安装顶尖与尾座顶尖一起支承工件。主轴上装有齿数为 40 的蜗轮，与蜗轮相啮合的是单头蜗杆，其传动比为 1∶40。当从固定的分度盘上拔出定位销将手柄转动一圈时，蜗杆便带动蜗轮使主轴转动 $\frac{1}{40}$ 圈，即

$$主轴转数 / 手柄转数 = \frac{1}{40}$$

当对工件进行 Z 等分时，每次分度主轴转数为 $\frac{1}{2}$ 圈，因此，手柄转数 $n = \frac{40}{z}$。

使用分度头分度的方法很多，最常用的是简单分度法。例如，铣六角螺母时，$z = 6$，每次分度手柄应转过的圈数 $n = \frac{40}{6} = 6\frac{2}{3}$，即 6 整圈又 $\frac{2}{3}$ 圈，其中 $\frac{2}{3}$ 圈为非整数圈，需借助分度盘进行准确分度。

6.3.4　铣削方法

1. 铣水平面和垂直面

铣水平面和垂直面可在卧铣或立铣上进行。由于所用刀具的不同，平面的铣削方式又分为周铣和端铣两种。

2. 铣斜面

铣削斜面常用的方法有以下三种。

（1）使用斜垫铁铣斜面。即在工件基面下面垫一块与工件斜角相等的垫铁，即可铣

出所需要的斜面。

（2）利用分度头铣斜面。

（3）偏转铣刀铣斜面。铣刀的偏转可在主轴能回转一定角度的立铣上实现，也可在卧铣上利用能在空间偏转成所需要的任意角度的万能铣头来实现。

3. 铣沟槽

在铣床上能加工的沟槽种类很多，有直角槽、键槽、V 形槽、T 形槽、燕尾槽、圆弧槽和螺旋槽等。这里主要介绍键槽的加工方法。

（1）敞开式键槽

单件、小批量生产敞开式键槽时，可在卧铣上用三面刃铣刀铣削，也可用立铣刀在立铣床上进行。

（2）封闭式键槽

单件小批量生产封闭式键槽时，在立铣上用键槽铣刀或立铣刀加工。

4. 齿形加工

在铣床上，可采用成形法加工齿轮的齿形。成形法是用与被切齿轮齿槽形状相符的成形铣刀切出齿形的方法。用成形法在卧铣上可铣直齿和斜齿圆柱齿轮。

（1）选择和安装铣刀。铣齿轮要用专用齿轮铣刀（模数铣刀）。铣刀是根据被加工齿轮的模数和齿数来选择的。同一模数的齿轮铣刀通常有 8 把，分为 8 个刀号，每号铣刀只适用于加工一定齿数范围的齿轮，见表 6-2。而每号铣刀的刀齿轮廓只与该号齿数范围内的最小齿数齿槽的理论轮廓相一致，对其他齿数的齿轮只能获得近似齿形。安装铣刀后，应横向调整工作台，使铣刀中心平面对准分度头顶尖中心，然后将横向滑板紧固。

表 6-2　铣刀号数与加工齿数范围

刀号	1	2	3	4	5	6	7	8
加工齿数范围	12 ～ 13	14 ～ 16	17 ～ 20	21 ～ 25	26 ～ 34	35 ～ 54	55 ～ 134	135 以上及齿条

（2）安装工件。先将工件装在心轴上，再将心轴装在前后顶尖之间。

（3）利用分度头进行分度。每当铣完一齿，用分度头进行一次分度，直至铣完全部轮齿，每个轮齿的深度＝ 2.25× 模数。齿深不大时，可一次粗铣完，约留 0.5 mm 作为精铣余量。齿深较大时，应分几次铣出整个齿槽。精铣 2 ～ 3 个齿后，应检查齿的尺寸和表面粗糙度。

成形法铣齿的特点如下。

（1）不需专用设备（普通铣床即可），刀具成本低。

（2）铣刀每铣一齿都有切入、退刀和分度的辅助时间，因而生产率较低。

（3）铣齿加工的齿形误差和分度误差较大，其加工精度只为 IT11 ～ IT9 级，表面粗

糙度 Ra 为 6.3 ～ 3.2 μm，属于低精度的齿形加工方法。

成形法铣齿多用于修配或单件制造某些低转速和精度要求不高的齿轮。

拓展阅读

铣削加工工艺的优势和劣势

铣削是一种常见的金属加工工艺，通过旋转刀具对工件进行切削，形成所需的形状。铣削加工具有一些优势和劣势如下。

1. 优势

（1）高精度。铣削加工可以提供较高的加工精度。通过选择合适的刀具和控制切削参数，可以获得精确的尺寸和表面质量。

（2）广泛适用。铣削适用于多种金属材料，包括钢、铜、铝、不锈钢等，以及一些塑料和非金属材料。它可用于加工平面、凸台、槽、孔等各种形状的零件。

（3）高效率。铣削通常具有较高的生产效率。在数控铣床等自动化系统中，可以实现高速、连续的生产过程，适用于大批量生产。

（4）多功能性。铣削工艺非常灵活，可以通过更换不同类型的刀具和采用不同的切削方式，实现多种形状和结构的加工。

（5）加工表面光滑平整。铣削通常能够产生平整、光滑的加工表面，无需额外的后处理。这对一些对表面质量要求较高的应用是有利的。

2. 劣势

（1）切削力大。铣削加工中可能需要较大的切削力，尤其是对于硬度较高的金属。这可能导致设备和刀具的磨损，增加工艺成本。

（2）切削热量。铣削过程中会产生切削热量，可能导致工件和刀具的温升。对于一些材料，可能需要采取冷却措施以确保加工质量。

（3）工件固定。在铣削加工中，需要将工件牢固地夹持在工作台上，以保持加工精度。对于某些形状复杂或尺寸较大的工件，夹持可能变得复杂。

（4）噪音和振动。铣削加工过程中可能产生噪音和振动，对操作人员的健康和工作环境可能产生一定影响。在需要降噪的环境中，可能需要采取相应的措施。

（5）设备复杂。高精度、多功能的数控铣床等设备相对较为复杂，需要熟练的操作技能和专业的维护。

总体而言，铣削是一种非常常用和灵活的加工方法，适用于各种工件的制造和加工。在选择加工方法时，需要根据具体的工件要求、生产规模和设备条件进行综合考虑。

6.4 磨削加工

磨削加工是用磨具以较高的线速度对工件表面进行加工的方法。磨削时，砂轮的高速转动是主运动，进给运动由工件和砂轮来完成。磨削主要用于零件内外圆柱面、内外圆锥面、平面及成形面（花键、螺纹、齿轮等）的精加工。

砂轮可以看作是具有很多微小刀齿的铣刀。由于砂轮磨料硬度极高，因此磨削不仅可以加工一般的金属材料，如碳素钢、铸铁等，而且可以加工一般刀具难以切削的高硬度材料，如淬火钢、硬质合金等。磨削又是一种精度高、表面粗糙度值低的精加工方法。在磨削过程中，由于磨削速度很高（$v_c = 30 \sim 50$ m/s），瞬时磨削温度可达 1 000 ℃左右，所以为使工件表面不被烧伤和产生裂纹，磨削必须使用充足的切削液。磨削加工余量较小，一般为 0.4 ～ 0.5 mm，因此要求工件在磨削之前先进行半精加工。

磨削加工的尺寸精度可达 IT6 ～ IT5，表面粗糙度 $Ra = 0.8 \sim 0.1$ μm。

6.4.1 磨床

磨床的种类很多，有外圆磨床、内圆磨床、平面磨床、工具磨床以及其他磨床。无论是外圆磨床、内圆磨床还是平面磨床，工作台的往复运动均采用液压传动。这是因为液压传动具有机床运转平稳、可在较大范围内实现无级变速、操作简便等优点。

1. 外圆磨床

外圆磨床分为普通外圆磨床和万能外圆磨床。它们的工作台都可偏转一定的角度，用来磨削小锥度的外圆锥面。万能外圆磨床与普通外圆磨床不同之处是它增加了内圆磨头，同时它的头架和砂轮架上都装有可回转一定角度的转盘，用来磨削短的、任意锥度的内、外圆锥面。

万能外圆磨床的主要组成部分如下。

（1）床身

床身用于安装磨床各部件，上部有工作台和砂轮架，内部有液压传动系统。

（2）工作台

工作台有两层，下工作台沿床身导轨作纵向往复运动，上工作台相对下工作台能作一定角度的偏转，以便磨削外圆锥面。

（3）头架

头架上有主轴，主轴端部可安装顶尖、拨盘或卡盘，用于安装工件。主轴由单独的电动机带动旋转，使工件获得不同的转速。

（4）砂轮架

砂轮架用于安装砂轮，并由单独的电动机带动砂轮旋转。砂轮架可在床身后部的导轨上作横向移动。

（5）内圆磨头

内圆磨头上有主轴，可安装砂轮，由单独的电动机带动旋转，用以磨削内圆表面。

（6）尾座

尾座的套筒内有顶尖，用来支承工件的另一端。

2. 平面磨床

平面磨床用于磨削工件上的平面。平面磨床的工作台上装有电磁吸盘，用于安装工件。对于钢、铸铁等导磁性工件，可直接安装在工作台上。

6.4.2　砂轮

砂轮是将许多坚硬的磨料用结合剂粘结烧制而成的磨具。砂轮的特性取决于磨料、粒度、结合剂、硬度、组织、形状和尺寸。

常用的砂轮磨料有两类：刚玉类（氧化铝）适宜磨削钢料及一般刀具；碳化硅类适宜磨削铸铁、青铜等脆性材料及硬质合金刀具。磨料的颗粒有粗细之分，用粒度表示。粒度号大的磨粒细，反之则粗。粗磨及磨软材料时选用粒度号小的砂轮，精磨选用粒度号大的砂轮。

生产中常用各种结合剂将磨料粘结成各种形状和尺寸的砂轮。磨料粘得越牢，砂轮的硬度越高，所以砂轮硬度是指砂轮表面的磨粒在外力作用下脱落的难易程度。磨硬材料应选择软砂轮，而硬砂轮适宜磨软材料及精磨。空隙大的砂轮其组织疏松，反之组织紧密。粗磨及磨软材料时，常用组织较疏松的砂轮。

平形砂轮常用于磨削外圆、内孔和平面。

6.4.3　磨削方法

磨削分为粗磨和精磨。粗磨可采用较大的背吃刀量和进给量。精磨接近最终尺寸时（留下 0.005 ～ 0.01 mm），为提高加工精度，可采用几次无横向进给的光磨行程，直至磨削的火花消失为止。

1. 磨外圆

单件小批量生产以及精磨外圆时常采用纵磨法。砂轮的高速旋转为主运动，进给运动是工件的转动（圆周进给）和工作台的直线往复运动（纵向进给）。砂轮横向进给，即磨削背吃刀量，一般为 0.002 5 ～ 0.01 mm。

大批量生产及磨削粗短轴外圆时常采用横磨法。工件只需作圆周进给运动，砂轮除作高速旋转的主运动外，还作慢速的横向进给。

2. 磨平面

磨平面是在平面磨床上进行的。磨平面可分为周磨和端磨两种。

拓展阅读

机械加工在金工领域的地位

机械加工在金工领域中占据着重要的地位，是一种常见而关键的金属加工方法。以下是机械加工在金工领域中的主要地位和作用。

（1）零部件制造。机械加工是制造金属零部件的主要手段之一。通过机械加工，可以生产各种形状和规格的金属零部件，用于构建机械设备、工具和结构。

（2）精密成型。机械加工可以实现对金属材料的高精度成型，确保零部件符合设计要求的尺寸和形状标准。这对于需要高度精密的金属制品至关重要。

（3）材料去除。机械加工通过去除多余材料，将原始金属坯料加工成所需形状。这包括常见的切削、铣削、钻削和磨削等工艺。

（4）复杂结构加工。机械加工能够处理各种复杂的金属结构，包括内外轮廓、孔洞、槽和各种表面特征，满足不同工程和设计的要求。

（5）批量生产。机械加工适用于大批量生产，可以通过数控技术实现自动化、高效率的生产流程，降低成本并提高生产效率。

（6）工件表面处理。机械加工还可以用于提高工件表面的质量，例如通过磨削实现光洁度，以满足装配和美观要求。

（7）金工刀具制造。机械加工在制造金工刀具（如铣刀、钻头、刨刀等）时具有关键作用，确保刀具的精度和耐用性。

（8）维修和修理。机械加工常被用于维修和修理各种金属制品，包括修复机械设备、汽车零部件和其他金属构件。

（9）创新设计支持。机械加工技术的不断发展促进了创新设计的实现，为各种工程和产品的设计提供了更广泛的可能性。

总体而言，机械加工在金工领域中是一项基础而不可或缺的技术，支持着各种金属制品的制造和应用。随着技术的不断进步，机械加工将继续在金工领域中发挥重要的作用。

本章小结

本章系统地介绍了机械加工的主要内容和技术。首先，对机械加工进行了基本概述，明确了其在制造业中的核心作用；其次，详细讲解了车削加工、铣削加工和磨削加工的工艺原理、操作方法及实际应用，在学习车削加工时，掌握了其设备使用和操作作用；最后，在铣削加工部分和磨削加工中，探讨了如何实现高精度的加工效果。通过本章的学习，帮助读者熟悉了机械加工工艺的全面知识，使读者能够在实际生产中应用这些技术，提升加工精度和效率。

课后思考

1. 通过本项目的学习，我懂得了：

（1）______

（2）______

（3）______

2. 关于机械加工的常用方法，我有以下新认识：

（1）______

（2）______

（3）______

3. 在现实生活中，我接触过以下方面的机械加工技术：

（1）______

（2）______

（3）______

第 7 章　现代制造技术

本章导读

本章将集中讨论现代先进的制造技术。包括数控加工技术、数控电火花线切割加工技术、电火花成型加工技术、激光加工和 3D 打印技术。在现代制造业中，这些先进技术的应用已经变得不可或缺。它们不仅提高了生产效率，还极大地提升了产品的精度和质量。接下来，我们将详细探讨这些技术的原理、应用领域。

学习目标

◎知识目标

1. 了解现代制造技术的范畴。
2. 了解数控加工技术的定义、特点及应用领域。
3. 了解数控加工基础原理。

◎技能目标

1. 掌握数控加工相关技能。
2. 掌握激光加工相关技能。
3. 掌握 3D 打印相关技能。

◎素质目标

1. 提升学生对现代制造技术的认知。

2. 增强学生对现代制造技术相关知识技能的学习研究意识，能从整体上总结梳理金工实习知识框架。

◎思政目标

学习现代制造技术，帮助学生获得专业技能的同时，还可以培养学生具备良好的专业道德和思想政治觉悟，使其成为具备技术实力和社会责任感的更合格更全面的专业人才。

7.1 数控加工技术

数控加工技术是现代制造业中不可或缺的一部分，它通过计算机控制机床的运动和加工过程，实现了高精度、高效率的生产。随着科技的不断进步，数控加工技术也在不断地发展和完善，为各行各业提供了强大的技术支持。

7.1.1 数控加工技术概述

数控加工技术是一种高效、精确和灵活的制造方法，广泛应用于各种制造业，如航空、汽车、电子和模具等领域。数控加工技术在我国得到了迅速发展，已经成为提高我国制造业竞争力的重要手段。

数控加工技术

1. 数控加工技术的定义

数控加工技术是一种利用数字指令来控制机床运动和执行加工过程的技术。它通过编制一定的数控程序，对输入的数字指令进行解析，实现对刀具的加工路径和加工速度等的精确控制，从而达到提高加工精度和效率的目的。

2. 数控加工技术的特点

数控加工技术具有以下特点。

（1）高效。数控加工技术采用自动化控制系统，可以实现高速、高精度的加工，大大提高了生产效率。

（2）精确。数控加工技术采用数字化指令，加工过程可控，保证了产品的加工精度。

（3）灵活。数控加工技术可以适应多种零件和材料的加工，具有较强的适应性。

（4）重复性好。数控加工技术减少了人为因素对加工过程的影响，使得产品具有较好的重复性。

（5）节能环保。数控加工技术采用自动化控制系统，可以实现能源的合理利用，降低生产成本。

3. 数控加工技术的应用领域

目前，数控加工技术主要在以下领域得到应用。

（1）航空制造业。数控加工技术在航空制造业中发挥着重要作用，主要用于加工飞机发动机零件、机翼等复杂形状零件。

（2）汽车制造业。数控加工技术在汽车制造业中的应用越来越广泛，主要用于加工汽车发动机、传动系统等关键零件。

（3）电子制造业。数控加工技术在电子制造业中也有着广泛的应用，如加工手机、电脑等产品的塑料壳、金属壳等零部件。

（4）模具制造业。数控加工技术在模具制造业中具有举足轻重的地位，主要用于加工各种模具零件，提高模具质量。

4. 数控加工技术的发展趋势

根据数控加工技术的发展现状，预计未来数控加工技术将会呈现出以下发展特点。

（1）高速、高精度。随着科学技术的不断发展，数控加工技术将朝着高速、高精度的方向发展，以满足制造业对产品加工速度和精度的更高要求。

（2）智能化。数控加工技术将与其他先进技术相结合，如人工智能、大数据等，实现智能化加工，提高生产效率。

（3）绿色制造。环保意识的不断提高，数控加工技术将更加注重节能环保，实现绿色制造。

（4）网络化。数控加工技术将向网络化发展，实现机床之间的互联互通，提高生产线的自动化水平。

（5）集成化。数控加工技术将与其他制造技术相结合，实现集成化制造，提高制造业的整体竞争力。

总之，数控加工技术在我国制造业中具有重要地位，其发展前景十分广阔。我们应该加大对数控加工技术的研究和应用力度，不断提高我国制造业的整体水平，为我国经济的持续发展做出更大贡献。

7.1.2 数控加工基础

目前，已有大量机械设备采用了数控技术，其中应用面最广的就是数控加工设备（即数控机床）。下面介绍机床中的数字控制（数控）及数控技术、数控系统、计算机数控（computerized numerical control，CNC）系统、开放式 CNC 系统和数控机床等概念。

1. 数字控制（数控）及数控技术

一般意义上的数字控制是指用数字化信息对过程进行的控制，是相对模拟控制而言的。机床中的数字控制专指用数字化信号对机床的工作过程进行的可编程自动控制，简称数控（numerical control，NC）。这种用数字化信息进行自动控制的技术就叫数控技术。

2. 数控系统

数控系统是实现数控技术相关功能的软硬件模块的有机集成系统，是数控技术的载体。它能自动阅读输入载体上事先给定的程序，并将其译码，从而使机床按指令运动并加工零件。在其发展过程中有硬件数控系统和计算机数控系统两类。

早期的数控系统主要由数控装置、主轴驱动及进给驱动装置等部分组成，数字信息由数字逻辑电路来处理，数控系统的所有功能都由硬件实现，故又称为硬件数控系统（NC 系统）。

3. 计算机数控（CNC）系统

计算机数控（CNC）系统是以计算机为核心的数控系统，由装有数控系统程序的专用计算机、输入/输出设备、可编程逻辑控制器（programmable logic controller，PLC）、存储器、主轴驱动及进给驱动装置等部分组成，习惯上又称为 CNC 系统。由于计算机可完全由软件来确定数字信息的处理过程，从而具有真正的“柔性”，并可处理各种复杂信息，所以 CNC 系统已基本取代硬件数控系统（NC 系统）。

4. 开放式 CNC 系统

国际电子与电气工程师协会提出的开放式 CNC 系统的定义是：一个开放式 CNC 系统，应保证使开发的应用软件能在不同厂商提供的不同的软硬件平台上运行，且能与其他应用软件系统协调工作。

开放式 CNC 系统至少有以下六个特征。

（1）对使用者是开放的。可以采用先进的图形交互方式支持下的简易编程方法，使得数控机床的操作更加容易。

（2）对机床制造商是开放的。应允许机床制造商在开放式 CNC 系统软件的基础上开发专用的功能模块及用户操作界面。

（3）对硬件的选择是开放的。即一个开放式 CNC 系统应能在不同的硬件平台上运行。

（4）对主轴及进给驱动系统是开放的。即能控制不同厂商提供的主轴及进给驱动系统。

（5）对数据传输及交换等是开放的。

（6）开放式 CNC 系统是数控系统未来发展的方向。

5. 数控机床

数控机床是指应用数控技术对其加工过程进行自动控制的机床如图 7-1 所示。国际信息处理联盟第五技术委员会对数控机床做了如下定义：数控机床是一种装有程序控制系统的机床，该系统能逻辑地处理具有特定代码或其他符号编码指令规定的程序。

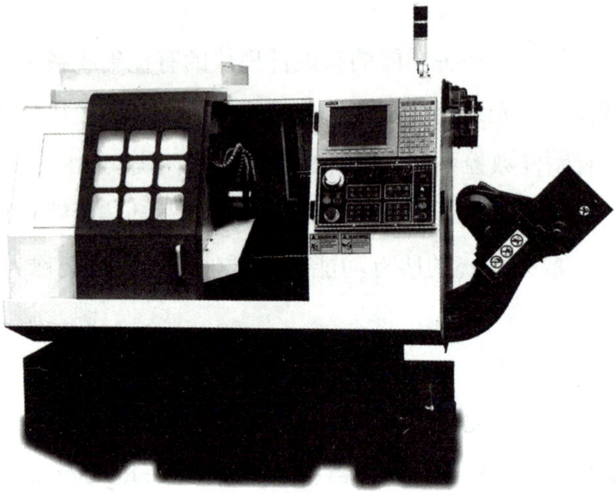

图 7-1 数控机床

7.1.3 数控机床概述

1. 数控机床的组成及结构

数控机床一般由机床本体、CNC 装置、输入 / 输出设备、伺服单元、驱动装置及电气控制装置、辅助装置、测量反馈装置等组成。

（1）机床本体

机床本体是数控机床机械结构实体。它与传统的普通机床相比较，同样由主传动机构、进给传动机构、工作台、床身以及立柱等部分组成，但数控机床的整体布局、外观造型、传动机构、刀具系统及操作机构等方面都发生了很大的变化。这种变化的目的是满足数控技术的要求和充分发挥数控机床的特点。

（2）数控装置

数控装置又称 CNC 单元，是数控机床的核心，数控装置由信息的输入、处理和输出三个部分组成。数控装置接受数字化信息，经过数控装置的控制软件和逻辑电路进行译码、插补、逻辑处理后，将各种指令信息输出给伺服系统，伺服系统驱动执行部件做进给运动。

（3）输入 / 输出设备

输入装置将各种加工信息传递于计算机的外部设备。早期输入装置为穿孔纸带，现已淘汰，后发展成盒式磁带，再发展成键盘、磁盘等便携式硬件，现在通用 DNC 网络通信系统中串行通信的方式输入。

输出装置与伺服机构相连。输出装置根据控制器的命令接收运算器的输出脉冲，并把它送到各坐标的伺服控制系统，经过功率放大，驱动伺服系统，从而控制机床按规定要求运动。

（4）伺服单元

伺服单元是数控系统与机床本体之间的电传动联系环节。主要由伺服电动机、驱动控制系统及位置检测反馈装置等组成。伺服电动机是系统的执行元件，驱动控制系统则是伺服电动机的动力源。数控系统发生的指令信号与位置检测反馈信号比较后作为位移指令，再经驱动控制系统功串放大后，驱动电动机运转，从而通过机械传动装置拖动工作台或刀架运动。

（5）驱动装置

驱动装置把经放大的指令信号变为机械运动，通过简单的机械连接部件驱动机床，使工作台精确定位或按规定的轨迹做严格的相对运动，最后加工出图纸所要求的零件。和伺服单元相对应，驱动装置有步进电机、直流伺服电机和交流伺服电机等。

伺服单元和驱动装置可合称为伺服驱动系统，它是机床工作的动力装置，CNC 装置的指令要靠伺服驱动系统付诸实施，所以，伺服驱动系统是数控机床的重要组成部分。

2. 数控机床的分类

数控机床的品种和规格繁多，一般可以用下面三种方法分类。

（1）按工艺用途分类

金属切削类数控机床包括数控车床、数控钻床、数控铣床、数控磨床、数控镗床以及加工中心。这些机床都适用于单件、小批量和多品种的零件加工，具有很好的加工尺寸的一致性、很高的生产率和自动化程度，以及很高的设备柔性。

金属成型类数控机床包括数控折弯机、数控组合冲床、数控弯管机、数控回转头压力机等。

数控特种加工机床包括数控线（电极）切割机床、数控电火花加工机床、数控火焰切割机、数控激光切割机床、专用组合机床等。

其他类型的数控设备：非加工设备采用数控技术，如自动装配机、多坐标测量机、自动绘图机和工业机器人等。

（2）按运动方式分类

数控机床按运动方式分类，可分为点位控制、直线控制、轮廓控制。

点位控制：点位控制数控机床的特点是机床的运动部件只能够实现从一个位置到另一

个位置的运动，在运动和定位过程中不进行任何加工工序。如数控钻床、数控坐标镗床、数控焊机和数控弯管机等。

直线控制：点位直线控制的特点是机床的运动部件不仅要实现从一个坐标位置到另一个位置的移动和定位，而且能实现平行于坐标轴的直线进给运动或控制两个坐标轴实现斜线进给运动。

轮廓控制：轮廓控制数控机床的特点是机床的运动部件能够实现两个坐标轴同时进行联动控制。它不仅要求控制机床运动部件的起点与终点坐标位置，而且要求控制整个加工过程每一点的速度和位移量，即要求控制运动轨迹，将零件加工成在平面内的直线、曲线或在空间的曲面。

（3）按控制方式分类

数控机床按控制方式可分为开环控制、半闭环控和闭环控制。

开环控制：即不带位置反馈装置的控制方式。

半闭环控制：指在开环控制伺服电动机轴上装有角位移检测装置，通过检测伺服电动机的转角间接地检测出运动部件的位移反馈给数控装置的比较器，与输入的指令进行比较，用差值控制运动部件。

闭环控制：是在机床最终的运动部件的相应位置直接直线或回转式检测装置，将直接测量到的位移或角位移值反馈到数控装置的比较器中与输入指令位移量进行比较，用差值控制运动部件，使运动部件严格按实际需要的位移量运动。

3. 数控机床安全操作规程

开机前应对数控机床进行全面细致的检查，内容包括操作面板、导轨面、卡爪、尾座、刀架、刀具等，确认无误后方可操作。

（1）数控车床加工通电后，检查各开关、按钮和按键是否正常、灵活，机床有无异常现象。

（2）程序输入后，应仔细核对数控车床加工代码、地址、数值、正负号、小数点进行认真的核对。

（3）正确测量和计算工件坐标系，并对所得结果进行检查，输入工件坐标系，并对坐标、坐标值、正负号、小数点进行认真的核对。

（4）未装夹工件前，空运行一次程序，看程序能否顺利进行，刀具和夹具安装是否合理，有无“超程”。

（5）切削时快速倍率开关必须打到最低挡位。

（6）切削进刀时，在刀具运行至工件 30 ～ 50 mm 处，必须在进给保持下，验证 Z

轴和 X 轴坐标剩余值与加工程序是否一致。

（7）切削加工过程中，刃磨刀具和更换刀具后，要重新测量刀具位置并修改刀补值和刀补号。

（8）程序修改后，要对修改部分仔细核对。

（9）必须在确认工件夹紧后才能启动机床，严禁工件转动时测量、触摸工件。

（10）运行中出现工件跳动、打抖、异常声音、夹具松动等异常情况时必须停车处理。

（11）紧急停车后，应重新进行机床“回零”操作，才能再次运行程序。

7.1.4　数控机床编程基础

1. 坐标系

（1）机床坐标系

机床上用作加工基准的特定点称为机床零点，以机床零点作为原点的坐标系称为机床坐标系，机床零点由出厂时设定。

（2）工件坐标系

加工工件时使用的坐标系称为工件坐标系（也叫零件坐标系），一个加工程序选择一个工件坐标系，工件坐标系的设置可以通过定位工件坐标系的原点来设置。

2. 程序的结构

数控机床程序都是由程序名、程序内容和程序结束三部分组成。

（1）程序名

所有程序都要取程序名，用于存储、调用。不同的数控系统有不同的命名规则，常见的主流系统有 FANUC（发那科）系统和 SIEMENS（西门子）系统，命名规则见表 7-1。

表 7-1　发那科系统和西门子系统程序命名规则

系统	程序命名规则
发那科	是字母“O”开头，后面加四位数字。从 O0000 ～ O9999，如：O0001、O0063 等
西门子	第一个符号必须是字母或数字（或一个字符有下划线），字符间不允许使用分隔符，程序名最多有 24 个字符。如：SK.MPF、NJYLL.SPF 等

注意：数控程序有主程序与子程序之分，发那科系统主程序与子程序命名规则相同；西门子系统主程序名用后缀“.MPF”，子程序名用后缀“.SPF”来区分。

（2）程序内容

程序内容由各程序段组成，每一程序段规定数控机床执行某种动作，前一程序段规定的动作完成后才开始执行下一程序段内容。程序段由若干程序字组成。程序字又是由字母（或地址）和数字组成。

如：……

N20 G00 X80 Z100；

N30 M3 S1000

……

即程序字组成程序段，程序段组成数控程序。程序字是机床数字控制的专用术语，又称程序功能字。它的定义是：一套有规定次序字符，可以作为一个信息单元存储、传递和操作，如 X80 就是一个程序字或称功能字。程序字按其功能的不同可分为 7 种类型，分别称为顺序号字（N）、尺寸字（X、Z）、进给功字（F）、主轴转速功能字（S）、刀具功能字（T）、辅助功能字（M）和准备功能字（G）。

程序段与程序段之间发那科系统用“EOB（；）”分隔。西门子系统用段结束符“LF”分隔，在程序输入过程中按输入键（回车键）可以自动产生段结束符。

（3）程序结束

每一个数控加工程序都要有程序结束指令，发那科系统和西门子系统都可用 M02、M30 指令结束程序。M02 含义为程序结束，光标停在程序结尾处；M30 含义为程序结束，光标自动返回程序开头。

3. 数控机床编程指令

数控机床中所用的编程指令都是按一定的标准规定的，所用编程指令基本相同。但是不同的数控系统又有其各自的特点，有一定的灵活性。本章主要介绍 FANUC0i 数控车床系统和 SIEMENS828D 数控铣床（加工中心）系统编程指令。

（1）FANUC0i 系统数控车床

① 准备功能指令见表 7-2。

表 7-2 FANUC 系统数控车床一般准备功能指令表

<table>
<tr><th>代码</th><th>分组</th><th>意义</th><th>格式</th></tr>
<tr><td>G00</td><td rowspan="4">01</td><td>快速进给、定位</td><td>G00 X__Z__</td></tr>
<tr><td>G01</td><td>直线插补</td><td>G01 X__Z__</td></tr>
<tr><td>G02</td><td>圆弧插补 CW（顺时针）</td><td rowspan="2">$\begin{Bmatrix}G02\\G03\end{Bmatrix}X\_\_Z\_\_\begin{Bmatrix}R\_\_\\I\_\_\quad K\_\_\end{Bmatrix}F\_\_$</td></tr>
<tr><td>G03</td><td>圆弧插补 CCW（逆时针）</td></tr>
<tr><td>G04</td><td>00</td><td>暂停</td><td>G04[X|U|P]X，U 单位：秒；P 单位：毫秒（整数）</td></tr>
</table>

续表 1

代码	分组	意义	格式
G20	06	英制输入	
G21		公制输入	
G28	00	回归参考点	G28 X__Z__
G29		由参考点回归	G29 X__Z__
G32	01	螺纹切削（由参数指定绝对和增量）	Gxx X|U…ZW…F|E…F 指定单位为 0.01 mm/r 的螺距。E 指定单位为 0.000 1 mm/r 的螺旋
G40	07	刀具补偿取消	G40
G41		左半径补偿	G41
G42		右半径补偿	G42
G50	00		设定工件坐标系：G50 XZ 偏移工件坐标系：G50 UW
G53		机械坐标系选择	G53 X__Z__
G54	12	选择工作坐标系 1	GXX
G55		选择工作坐标系 2	
G56		选择工作坐标系 3	
G57		选择工作坐标系 4	
G58		选择工作坐标系 5	
G59		选择工作坐标系 6	
G70	00	精加工循环	G70 P（ns）Q（nf）
G71		外圆粗车	G71 U（Δd）R（e） G71 P（ns）Q（nf）U（Δu）W（Δw）F（f）
G72		端面粗切削循环	G72 W（Δd）R（e） G72 P（ns）Q（nf）U（Δu）W（Δw）F（f）S（s）T（t） Δd：切深量 e：退刀量 ns：精加工形状的程序段组的第一个程序段的顺序号 nf：精加工形状的程序段组的最后程序段的顺序号 Δu：*X* 方向精加工余量的距离及方向 Δ*W*：Z 方向精加工余量的距离及方向
G73		封闭切削循环	G73 U（i）W（Δk）R（d） G73 P（ns）Q（nf）U（Δu）W（Δw）F（f）

续表 2

代码	分组	意义	格式
G74	00	端面切断循环	G74 R（e） G74 X（U）_Z（W）_P（Δi）Q（Δk）R（Δd）F（f） e：返回量 Δi：*X* 方向的移动量 Δk：*Z* 方向的切深量 Δd：孔底的退刀量 f：进给速度
G75		内径 / 外径切断循环	G75R（e） G75 X（U）_Z（W）_P（Δi）Q（Δk）R（Δd）F（f）
G76		复合形螺纹切削循环	G76 P（m）（r）（a）Q（Δdmin）R（d） G76 X（u）_Z（W）_R（i）P（k）Q（Δd）F（1） m：最终精加工重复次数为 1 ～ 99 r：螺纹的精加工量（倒角量） a：刀尖的角度（螺牙的角度）可选择 80，60，55，30，29，0 六个种类 m，r，a：同用地址 P 一次指定 Δdmin：最小切深度 i：螺纹部分的半径差 k：螺牙的高度 Δd：第一次的切深量 1：螺纹导程
G90	01	直线车削循环加工	G90 X（U）_Z（W）_F G90 X（U）_Z（W）_R_F_
G92		螺纹车削循环	G92 X（U）_Z（W）_F G92 X（U）_Z（W）_R_F
G94		端面车削循环	G94 X（U）_Z（W）_F G94 X（U）_Z（W）_R_F_
G98	05	每分钟进给速度	
G99		每转进给速度	

② 辅助功能指令见表 7-3。

表 7-3　FANUC 系统数控车一般辅助功能指令表

代码	意义	格式
M00	停止程序运行	M00
M01	选择性停止	M01
M02	结束程序运行	M02

续表

代码	意义	格式
M03	主轴正向转动开始	M03 S**
M04	主轴反向转动开始	M04
M05	主轴停止转动	M05
M06	换刀指令	M06 T**
M08	冷却液开启	M08
M09	冷却液关闭	M09
M30	结束程序运行且返回程序开头	M30
M98	子程序调用	M98 Pxxnnnn（调用程序号为 Onnnn 的程序 ×× 次）
M99	子程序结束	子程序格式： Onnnn ⋮ M99

（2）SIEMNS828D 系统数控铣床（加工中心）

① 准备功能指令见表 7-4。

表 7-4　SIEMENS 系统数控铣床（加工中心）准备功能指令表

代码	分组	意义	格式
G0	组 1	快速移动、定位	G00 X__Z__
G1*		直线运行	G01 X__Z__
G2		圆弧插补 CW（顺时针）/ 螺旋线	$\begin{Bmatrix}G02\\G03\end{Bmatrix}X\_Z\_\begin{Bmatrix}R\_\\I\_\quad K\_\end{Bmatrix}F\_$
G3		圆弧插补 CCW（逆时针）/ 螺旋线	
G33		螺纹插补	G33 X Z K
G17*	组 2	*XY* 平面	单独成行即可
G18		*XZ* 平面	
G19		*YZ* 平面	
G90*	组 3	绝对编程	
G91		增量编程	
G22	组 4	工作区域限制，保护区 3 “开”	
G23*		工作区域限制，保护区 3 “关”	

续表

代码	分组	意义	格式
G93	组 5	时间倒数进给率（r/min）	单独成行即可
G94*		进给率（mm/min，in/min）	
G95		旋转进给率（mm/r，in/r）	
G70	组 6	英制输入系统	
G71*		公制输入系统	
G40*	组 7	取消铣刀半径补偿	写在程序开始段或执行刀补结束独立成行
G41		刀具半径轮廓左补偿	G41 G00/G01 *XY* 切线方向切入
G42		刀具半径轮廓右补偿	G42 G00/G01 *XY* 切线方向切入
G43	组 8	启用正向刀具长度补偿	G43 H
G44		启用负向刀具长度补偿	G44 H
G49*		关闭刀具长度补偿	写在程序开始段或执行刀补结束独立成行
G500*	组 14	取消可设定零点偏置	单独成行即可
G54 ～ G59		零点偏置	
G153		按程序段方式取消可设定零点偏置，包括基本偏置	
G61	组 15	准停模态有效	
G62		自动拐角倍率	
G63		攻丝模式	
G64		连续路径方式	
G290	组 16	选择西门子模式	
G291		选择 ISO 语言模式	

② 辅助功能指令见表 7-5。

表 7-5 SIEMENS 系统数控铣床（加工中心）一般辅助功能指令表

代码	意义	格式
M00	停止程序运行	单独成行即可
M01	选择性停止	
M02	结束程序运行	
M03	主轴正向转动开始	M02 S**

续表

代码	意义	格式
M04	主轴反向转动开始	M04 S**
M05	主轴停止转动	单独成行即可
M06	换刀指令	M06 T**
M08	冷却液开启	单独成行即可
M09	冷却液关闭	
M30	结束程序运行且返回程序开头	

7.1.5　数控机床编程加工实例

编写零件加工程序。

毛坯尺寸：直径为 50 mm；长度 86 mm，毛坯材料：45# 钢。

1. 零件加工工序

轴类零件加工工序见表 7-6。

表 7-6　轴类零件加工工序

工步号	工步内容	选用刀具	主轴转速 /（r/min）	进给速度 /（r/mm）	背吃刀量 / mm
1	夹毛坯，伸出长度超 60 mm，车平端面	93° 外圆车刀	800	手动	0.5
2	钻孔深 32 mm	ϕ20 麻花钻	350	手动	
3	粗镗零件右端内孔轮廓	镗孔刀	600	0.15	1
4	精镗零件右端内孔至尺寸要求	镗孔刀	750	0.1	0.5
5	粗精车内螺纹沟槽	内沟槽刀	450	0.06	0.5
6	粗、精加工内螺纹至尺寸要求	内螺纹刀	600	1.5	0.2
7	粗加工零件右端外轮廓	35° 菱形车刀	800	0.18	1
8	精加工零件右端外轮廓至尺寸要求	35° 菱形车刀	1 200	0.1	0.3 ～ 0.5
9	调头取零件总长 82 mm	93° 外圆车刀	800	手动	0.5
10	粗加工零件左端外轮廓	35° 菱形车刀	800	0.18	1
11	精加工零件左端外轮廓至尺寸要求	35° 菱形车刀	1 200	0.1	0.3 ～ 0.5
12	自检，上交零件				

2. 零件加工程序（FANUC 系统）

（1）建立工件坐标系。加工右侧轮廓时取右端面与工件轴线交点为工件坐标系原点，加工左侧外圆表面时则取左侧端面与工件轴线交点为工件原点。

(2)计算基点坐标。基点坐标按各点极限尺寸的平均值进行计算。

(3)参考程序。

FANUC 系统零件加工参考程序见表 7-7。

表 7-7 FANUC 系统零件加工参考程序

程序段号	程序内容	说明
—	O0001	程序名(右端内孔加工程序单)
N10	M03 S600	主轴以 600 r/min 正转
N20	T0101	调用 1 号刀 - 内孔镗刀,1 号刀补
N30	G00 X20 Z2	快速点定位至毛坯加工起始点
N40	G71 U1 R1	调用毛坯粗加工切削复合循环
N50	G71 P60 Q130 U-0.4 W0.1 F0.2	P、Q——精加工轮廓程序段起始段和终止段程序段号; U——*X* 向的精加工余量; W——*Z* 向的精加工余量; F——粗加工进给量 注:*X* 向精加工余量符号为负
N60	G00 X37	轮廓节点坐标
N70	G01 Z0 F0.1	
N80	X35.015 Z-1	
N90	Z-6	
N100	X31.5	
N110	X28.5 Z-7.5	
N120	Z-28.05	
N130	G01 X20	
N140	G00 Z150	退刀至 X100 Z150 点处
N150	X100	
N160	M05	主轴停止
N170	M00	程序暂停
N180	M03 S800	主轴以 800 r/min 正转
N190	T0101	调用 1 号刀 - 内孔镗刀,1 号刀补
N200	G00 X20 Z2	快速点定位至毛坯加工起始点
N210	G70 P60 Q130	调用精加工切削循环
N220	G00 Z150	退刀至 X100 Z150 点处
N230	X100	

续表 1

程序段号	程序内容	说明
N240	M30	程序结束并返回加工起始点
—	O0002	程序名（右端内沟槽加工程序单）
N10	M03 S450	主轴以 450 r/min 正转
N20	T0404	调用 4 号刀具（5 mm 宽切槽刀），4 号刀补
N30	G00 X26 Z2	快速点定位至安全位置
N40	G01 Z-28 F0.2	定位至切槽加工起始点 Z 坐标
N50	X32 F0.05	切槽
N60	G04 X1	暂停 1 s
N70	G01 X26 F0.2	退刀至 X26
N80	G00 Z200	快速退刀至 Z200（换刀安全位置）
N90	X100	快速退刀至 X100（换刀安全位置）
N100	M30	程序结束并返回加工起始点
—	O0003	程序名（内螺纹加工程序单）
N10	M03 S600	主轴以 600 r/min 正转
N20	T0303	调用 3 号刀——内螺纹刀，3 号刀补
N30	G00 X26 Z2	快速点定位至毛坯加工起始点
N40	G92 X28.5 Z—24 F1.5	调用 G92 螺纹切削复合循环
N50	X29	第一点螺纹终点坐标
N60	X29.4	第二点螺纹终点坐标
N70	X29.7	第三点螺纹终点坐标
N80	X30	第四点螺纹终点坐标
N90	G00 Z150	退刀至 Z150 点处
N100	X100	退刀至安全位置
N110	M05	主轴停止
N120	M30	程序停止并返回加工起始点
—	O0004	程序名（右端外轮廓程序单）
N10	M03 S600	主轴以 600 r/min 正转
N20	T0202	调用 2 号刀——35° 菱形车刀，2 号刀补
N30	G00 X52 Z2	快速点定位至毛坯加工起始点，坐标 X52 Z2
N40	G73 U10 W1 R12	调用粗加工外径切削复合循环； U——*X* 向切削余量（半径值）； R——切削次数

续表 2

程序段号	程序内容	说明
N50	G73 P60 Q140 U0.4 W0.1 F0.2	P、Q——精加工轮廓程序段起始段和终止段程序段号； U——X 向的精加工余量（直径值）； W——Z 向的精加工余量； F——粗加工进给量
N60	G00 X44	外轮廓节点坐标
N70	G01 Z0 F0.1	
N80	X45.985 Z-1	
N90	G01 Z-20	
N100	X29.99 Z-40	
N110	Z-50	
N120	X44	
N130	X48 Z-52	
N140	G01 X50	
N150	G00 X100	退刀至 X100 Z150 点处（换刀安全位置）
N160	Z150	
N170	M05	主轴停止
N180	M00	程序暂停
N190	M03 S1200	主轴以 1 200 r/min 正转
N200	T0202	调 2 号刀——35° 菱形车刀，2 号刀补
N210	G00 X52 Z2	快速点定位至毛坯加工起始点（和粗加工定位相同）
N220	G70 P70 Q140	调用精加工切削循环
N230	G00 X100	退刀至 X100 Z150 点处
N240	Z150	
N250	M30	程序结束并返回加工起始点
—	O0005	程序名（右端内孔程序单）
N10	M03 S600	主轴以 600 r/min 正转
N20	T0202	调 2 号刀——35° 菱形车刀，2 号刀补
N30	G200 X52 Z2	快速点定位至毛坯加工起始点，坐标 X52 Z2
N40	G71 U1 R1	调用粗加工轮廓封闭切削复合循环； U——X 向切削余量； R——切削次数
N50	G71 P60 Q120 U0.4 W0.1 F0.16	P、Q——精加工轮廓程序段起始段和终止段程序段号； U——X 向的精加工余量； W——Z 向的精加工余量； F——进给量

续表 3

程序段号	程序内容	说明
N60	G00 X34	轮廓第一点坐标
N70	G01 Z0 F0.1	
N80	G03 X38 Z-2 R2	第二点坐标
N90	G01 Z-21.95	第三点坐标
N100	X45.4	第四点坐标
N110	G01 X46 Z-22.3	第五点坐标
N120	Z-34	第六点坐标
N130	G01 X50	第七点坐标（精加工轮廓退刀点）
N140	G00 X100	退刀至 X100 Z150 点处（换刀安全位置）
N150	Z150	
N160	M05	主轴停止
N170	M00	程序暂停
N180	M03 S800	主轴以 800 r/min 正转
N190	T0303	调 2 号刀——35° 菱形车刀，2 号刀补
N200	G00 X20 Z2	快速点定位至毛坯加工起始点
N210	G70 P70 Q130	调用精加工切削循环
N220	G00 Z150	退刀至 X100 Z150 点处
N230	X100	
N240	M30	程序结束并返回加工起始点

拓展阅读

数控加工技术在现实中的应用

数控加工技术在现实中有广泛的应用，它通过计算机控制工具或工作台的运动，实现对工件进行精密的切削、铣削、钻孔等加工。以下是数控加工技术在不同领域中的主要应用。

（1）制造业。数控加工技术在制造业中应用广泛，用于生产各种零部件和产品，包括汽车零件、航空航天零件、机械设备等。数控机床（如数控铣床、数控车床）能够高效、精确地加工各种形状和尺寸的工件。

（2）航空航天业。在航空航天领域，数控加工技术被广泛用于制造飞机和航天器的零部件。这包括发动机零件、飞机结构、涡轮叶片等，需要高精度和复杂形状的部件。

（3）汽车工业。数控加工技术在汽车制造中扮演着关键角色，用于加工引擎零件、车身结构、悬挂系统等。高精度的数控机床可以确保汽车零部件的质量和精度。

（4）电子制造。在电子行业，数控加工技术用于加工电子元器件、印刷电路板（printed circuit board，PCB）等。高精度的数控机床能够满足微小尺寸和复杂结构的要求。

（5）医疗设备制造。数控加工技术在医疗设备制造中得到广泛应用，用于生产医疗器械、人工关节、医疗成像设备等。高精度的加工确保医疗设备的性能和可靠性。

（6）能源行业。在能源领域，数控加工技术被用于制造石油和天然气钻探设备、核能设备、风力涡轮机零部件等。这些设备通常需要高度的工艺精度和可靠性。

（7）模具制造。数控加工技术在模具制造中应用广泛，用于制造注塑模、压铸模、冲压模等。高精度的数控机床确保模具的质量和寿命。

（8）船舶制造。在船舶制造领域，数控加工技术用于加工船体结构、船舶引擎、螺旋桨等零部件。大型数控机床可以满足船舶制造对于大型零部件的需求。

（9）建筑和建筑材料。在建筑领域，数控加工技术用于加工建筑结构和建筑材料，例如各种型材、连接件等。

总体而言，数控加工技术在制造业的各个领域都有重要的应用，它提高了生产效率、降低了生产成本，并且能够满足对于高精度、复杂形状的零部件的需求。

7.2 数控电火花线切割加工技术

电火花线切割加工是电火花加工的一个分支，是一种直接利用电能和热能进行加工的工艺方法，是用一根移动着的导线（电极丝）作为工具电极对工件进行切割，故称线切割加工。线切割加工中，工件和电极丝的相对运动是由数字控制实现的，故又称为数控电火花线切割加工，简称线切割加工。

7.2.1 数控电火花线切割加工机床的分类与组成

1. 数控电火花线切割加工机床的分类

（1）按走丝速度分，可分为慢速走丝方式和高速走丝方式线切割机床。

（2）按加工特点分，可分为大、中、小型以及普通直壁切割型与锥度切割型线切割机床。

（3）按脉冲电源形式分，可分为 RC 电源、晶体管电源、分组脉冲电源及自适应控制电源线切割机床。

数控电火花线切割加工机床的型号示例图如图 7-2 所示。

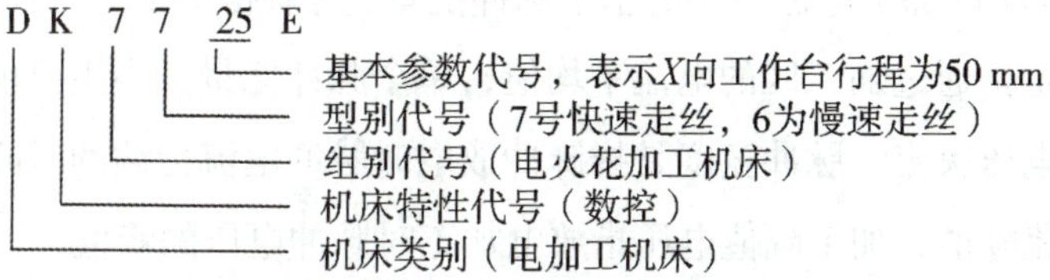

图 7-2　数控电火花线切割加工机床的型号

2. 数控电火花线切割加工机床的基本组成

数控电火花线切割加工机床可分为机床主机和控制台两大部分。

（1）控制台

控制台中装有控制系统和自动编程系统，能在控制台中进行自动编程和对机床坐标工作台的运动进行数字控制。

（2）机床主机

机床主机主要包括坐标工作台、运丝机构、丝架、冷却系统和床身 5 个部分。

① 坐标工作台。它用来装夹被加工的工件，其运动分别由两个步进电机控制。

② 运丝机构。它用来控制电极丝与工件之间产生相对运动。

③ 丝架。它与运丝机构一起构成电极丝的运动系统。它的功能主要是对电极丝起支撑作用，并使电极丝工作部分与工作台平面保持一定的几何角度，以满足各种工件（如带锥工件）加工的需要。

④ 冷却系统。它用来提供有一定绝缘性能的工作介质——工作液，同时可对工件和电极丝进行冷却。

⑤ 床身。电火花线切割机床的床身通常采用高强度、高稳定性的合金材料制成。机身设计紧凑，操作方便，具有良好的抗震能力和刚度，能够保证加工的高精度和稳定性。

7.2.2　数控电火花线切割的加工工艺与工装

1. 数控电火花线切割的加工工艺

线切割的加工工艺主要是电加工参数和机械参数的合理选择。电加工参数包括脉冲宽度和频率、放电间隙、峰值电流等。机械参数包括进给速度和走丝速度等。应综合考虑各参数对加工的影响，合理地选择工艺参数，在保证工件加工质量的前提下，提高生产率，降低生产成本。

（1）电加工参数的选择

正确选择脉冲电源加工参数，可以提高加工工艺指标和加工的稳定性。粗加工时，应选用较大的加工电流和大的脉冲能量，可获得较高的材料去除率（即加工生产率）。而精加工时，应选用较小的加工电流和小的单个脉冲能量，可获得加工工件较低的表面粗糙度。

加工电流就是指通过加工区的电流平均值，单个脉冲能量大小主要由脉冲宽度、峰值电流、加工幅值电压决定。脉冲宽度是指脉冲放电时脉冲电流持续的时间，峰值电流指放电加工时脉冲电流峰值，加工幅值电压指放电加工时脉冲电压的峰值。

下列电规准实例可供使用时参考。

① 精加工。脉冲宽度选择最小挡，电压幅值选择低挡，幅值电压为 75 V 左右，接通一到二个功率管，调节变频电位器，加工电流控制在 0.8 ～ 1.2 A，加工表面粗糙度 $Ra \leqslant 2.5\ \mu m$。

② 最大材料去除率加工（材料厚度为 40 ～ 60 mm）。脉冲宽度选择四或五挡，电压幅值选取“高”值，幅值电压为 100 V 左右，功率管全部接通，调节变频电位器，加工电流控制在 4 ～ 4.5 A，可获得 100 mm^2/min 左右的去除率（加工生产率）。

③ 大厚度工件加工＞ 300 mm。幅值电压打至“高”挡，脉冲宽度选五或六挡，功率管开 4 ～ 5 个，加工电流控制在 2.5 ～ 3 A，材料去除率＞ 30 mm^2/min。

④ 较大厚度工件加工在 60 ～ 100 mm。幅值电压打至高挡，脉冲宽度选取五挡，功率管开 4 个左右，加工电流调至 2.5 ～ 3 A，材料去除率 50 ～ 60 mm^2/min。

⑤ 薄工件加工。幅值电压选低挡，脉冲宽度选第一或第二挡，功率管开 2 ～ 3 个，加工电流调至 1 A 左右。

注意：改变加工的电规准，必须关断脉冲电源输出（调整间隔电位器 RP1 除外），在加工过程中一般不应改变加工电规准，否则会造成加工表面粗糙度不一致。

（2）机械参数的选择

对于普通的快走丝线切割机床，其走丝速度一般都是固定不变的。进给速度的调整主要是电极丝与工件之间的间隙调整。切割加工时进给速度和电蚀速度要协调好，不要欠跟踪或跟踪过紧。进给速度的调整主要靠调节变频进给量，在某一具体加工条件下，只存在一个相应的最佳进给量，此时钼丝的进给速度恰好等于工件实际可能的最大蚀除速度。欠跟踪时使加工经常处于开路状态，无形中降低了生产率，且电流不稳定，容易造成断丝；过紧跟踪时容易造成短路，也会降价材料去除率。一般调节变频进给，使加工电流为短路电流的 0.85 倍左右（电流表指针略有晃动即可）。就可保证为最佳工作状态，即此时变频进给速度最合理、加工最稳定、切割速度最高。表 7-8 给出了根据进给状态调整变频的方法。

表 7-8　根据进给状态调整变频的方法

实频状态	进给状态	加工面状况	切割速度	电极丝	变频调整
过跟踪	慢而稳	焦褐色	低	略焦，老化快	应减慢进给速度
欠跟踪	忽慢忽快不均匀	不光洁，易出深痕	较快	易烧丝，丝上有白斑伤痕	应加快进给速度
欠佳跟踪	慢而稳	略焦褐，有条纹	低	焦色	应稍增加进给速度
最佳跟踪	很稳	发白，光洁	快	发白，老化慢	不需再调整

2. 电火花线切割加工工艺装备的应用

工件装夹的形式对加工精度有直接影响。一般是在通用夹具上采用压板螺钉固定工件。为了适应各种形状工件加工的需要，还可使用磁性夹具或专用夹具。

（1）常用夹具的名称、用途及使用方法

① 压板夹具。它主要用于固定平板状的工件，对于稍大的工件要成对使用。夹具上如有定位基准面，则加工前应预先用划针或百分表将夹具定位基准面与工作台对应的导轨校正平行，这样在加工批量工件时较方便，因为切割型腔的划线一般是以模板的某一面为基准。夹具成对使用时两件基准面的高度一定要相等，否则切割出的型腔与工件端面不垂直，造成废品。在夹具上加工出 V 形的基准，则可用以夹持轴类工件。

② 磁性夹具。采用磁性工作台或磁性表座夹持工件，主要适应于夹持钢质工件，因它靠磁力吸住工件，故不需要压板和螺钉，操作快速方便，定位后不会因压紧而变动。

（2）工件装夹的一般要求

① 工件的基准面应清洁无毛刺。经热处理的工件，在穿丝孔内及扩孔的台阶处，要清除热处理残物及氧化皮。

② 夹具应具有必要的精度，将其稳固地固定在工作台上，拧紧螺丝时用力要均匀。

③ 工件装夹的位置应有利于工件找正，并与机床的行程相适应，工作台移动时工件不得与丝架相碰。

④ 对工件的夹紧力要均匀，不得使工件变形或翘起。

⑤ 大批零件加工时，最好采用专用夹具，以提高生产效率。

⑥ 细小、精密、薄壁的工件应固定在不易变形的辅助夹具上。

3. 支撑装夹方式

支撑装夹方式主要有悬臂支撑方式、两端支撑方式、桥式支撑方式、板式支撑方式和复式支撑方式等。

4. 工件的调整

工件装夹时，还必须配合找正进行调整，使工件的定位基准面与机床的工作台面或工作台进给方向保持平行，以保证所切割的表面与基准面之间的相对位置精度。常用的找正方法如下。

（1）百分表找正法

用磁力表架将百分表固定在丝架上，往复移动工作台，按百分表上指示值调整工件位置，直至百分表指针偏摆范围达到所要求的精度。

（2）划线找正法

划线找正如图 7-3 所示，利用固定在丝架上的划针对正工件上划出的基准线，往复移动工作台，目测划针与基准线间的偏离情况，调整工件位置，此法适应于精度要求不高的工件加工。

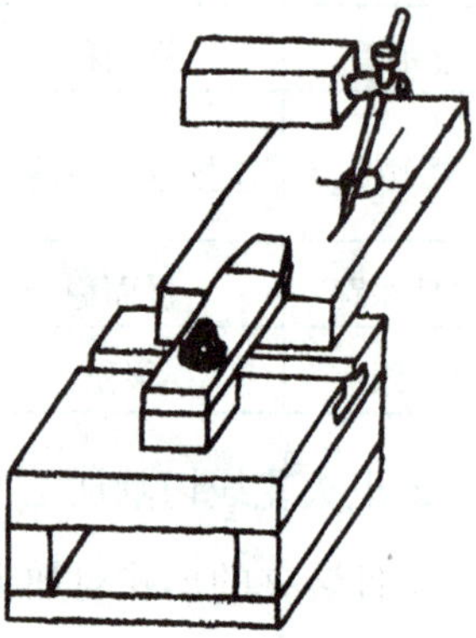

图 7-3　划线找正

5. 电极丝位置的调整

线切割加工前，应将电极丝调整到切割的起始坐标位置上，其调整方法如下。

（1）目测法

目测法如图 7-4 所示，利用穿丝孔处划出的十字基准线，分别沿划线方向观察电极丝与基准线的相对位置，根据两者的偏离情况移动工作台，当电极丝中心分别与纵、横方向基准线重合时，工作台纵、横方向刻度盘上的读数就确定了电极丝的中心位置。

（2）火花法

火花法如图 7-5 所示，开启高频及运丝筒（注意：电压幅值、脉冲宽度和峰值电流均要打到最小，且不要开冷却液），移动工作台使工件的基准面靠近电极丝，在出现火花的瞬时，记下工作台的相对坐标值，再根据放电间隙计算电极丝中心坐标。此法虽简单易行，但定位精度较差。

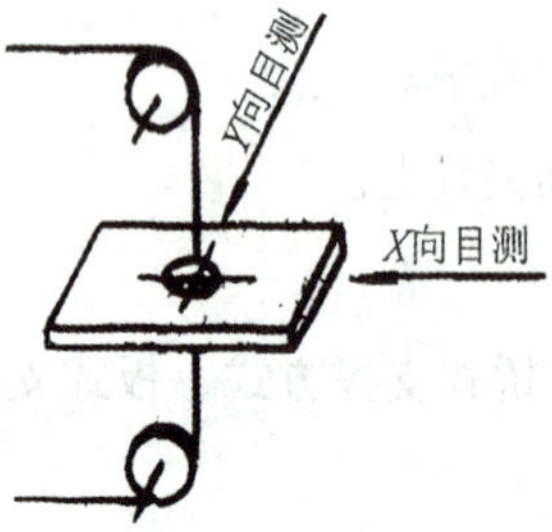

图 7-4　目测法调整电极丝位置

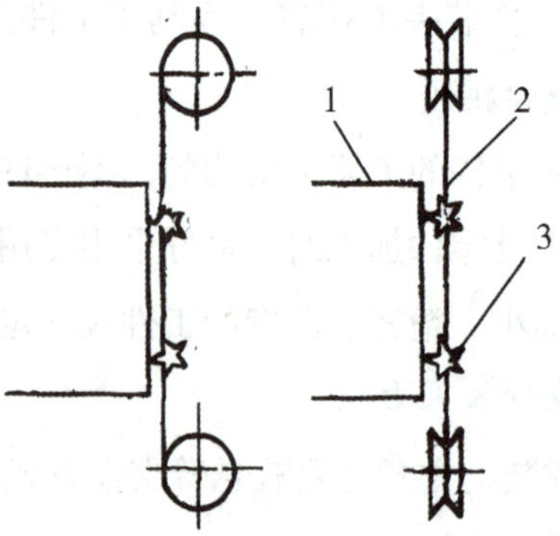

1- 工作；2- 电极丝；3- 火花。

图 7-5　火花法调整电极丝位置

（3）自动找正

一般的线切割机床都具有自动找边、自动找中心的功能，找正精度较高，操作方法因机床而异。

7.2.3　数控电火花线切割机床的操作

数控电火花线切割机床的操作本节以苏州长风 DK7725E 型线切割机床为例，介绍线切割机床的操作。图 7-6 为 DK7725E 型线切割机床的操作面板。

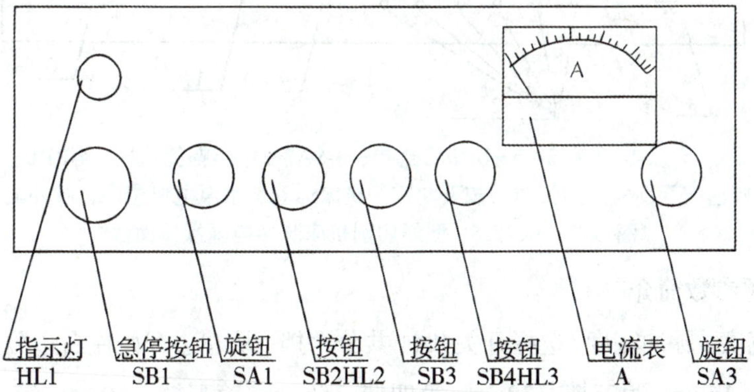

图 7-6　DK7725E 型线切割机床操作面板

1. 开机与关机程序

（1）开机程序

① 合上机床主机上电源总开关。

② 松开机床电气面板上急停按钮 SB1。

③ 合上控制柜上电源开关，进入线切割机床控制系统。

④ 按要求装上电极丝。

⑤ 逆时针旋转 SA1。

⑥ 按 SB2，启动运丝电机。

⑦ 按 SB4，启动冷却泵。

⑧ 顺时针旋转 SA3，接通脉冲电源。

（2）关机程序

① 逆时针旋转 SA3，切断脉冲电源。

② 按下急停按钮 SB1；运丝电机和冷却泵将同时停止工作。

③ 关闭控制柜电源。

④ 关闭机床主机电源。

2. 脉冲电源

（1）机床电气柜脉冲电源操作面板简介，如图 7-7 所示。

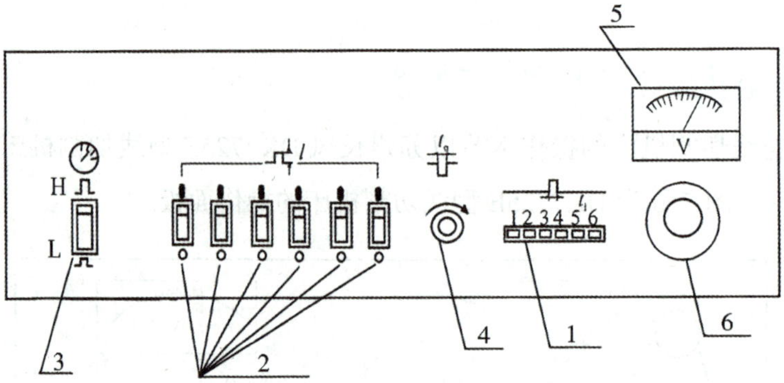

1-SA1—脉冲宽度选择；2-SA2 ~ SA7—功率管选择；3-SA8—电压幅值选择；4-RP1—脉冲间隔调节；5-PV1—电压幅值指示；6- 急停按钮—按下此键，机床运丝、水泵电机全停，脉冲电源输出切断。

图 7-7　DK7725E 型线切割机床脉冲电源操作面板

（2）电源参数简介

① 脉冲宽度。脉冲宽度 t 选择开关 SA1 共分六挡，从左边开始往右边分别为：第一挡：5 μs；第二挡：15 μs；第三挡：30 μs；第四挡：50 μs；第五挡：80 μs；第六挡：120 μs。

② 功率管。功率管个数选择开关 SA2 ～ SA7 可控制参加工作的功率管个数，如六个开关均接通，六个功率管同时工作，这时峰值电流最大。如五个开关全部关闭，只有一个功率管工作，此时峰值电流最小。每个开关控制一个功率管。

③ 幅值电压。幅值电压选择开关 SA8 用于选择空载脉冲电压幅值，开关按至“L”位置，电压为 75 V 左右，按至“H”位置，则电压为 100 V 左右。

④ 脉冲间隙。改变脉冲间隔 t_0 调节电位器 RP1 阻值，可改变输出矩形脉冲波形的脉冲间隔 t_0，即能改变加工电流的平均值，电位器旋置最左，脉冲间隔最小，加工电流的平均值最大。

⑤ 电压表。电压表 PV1，由 0 ～ 150 V 直流表指示空载脉冲电压幅值。

3. 线切割机床控制系统

DK7725E 型线切割机床配有 CNC-10 A 自动编程和控制系统。

（1）系统的启动与退出

在计算机桌面上双击 YH 图标，即可进入 CNC-10 A 控制系统。按“Ctrl + Q”退出控制系统。

（2）CNC-10 A 控制系统界面示意图

图 7-8 为 CNC-10 A 控制系统主界面。

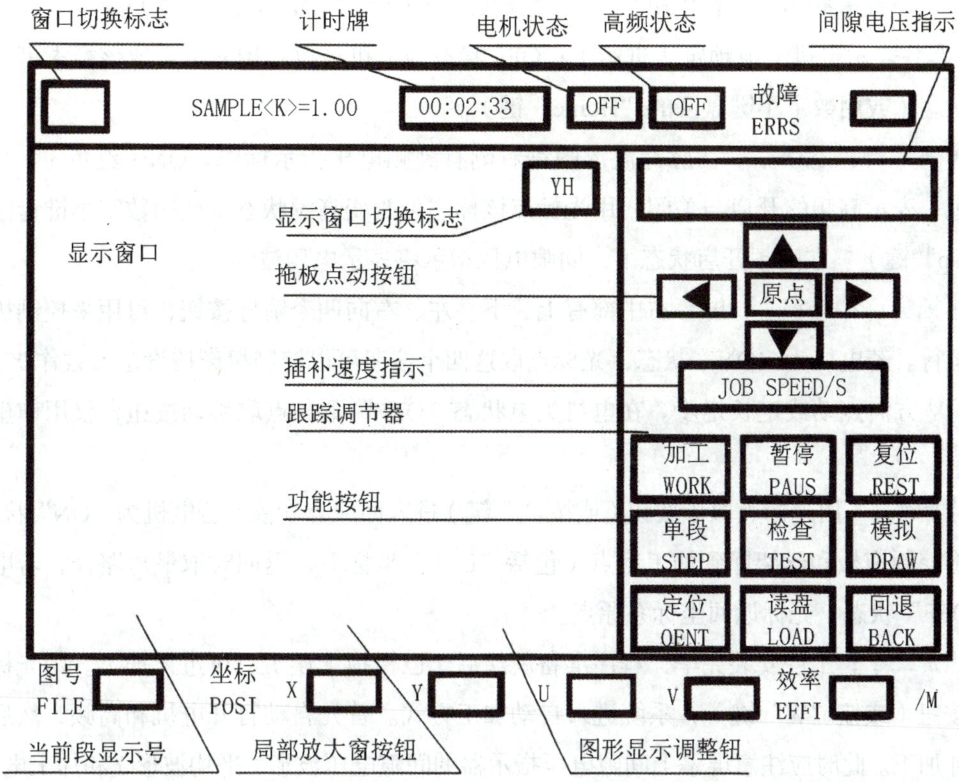

图 7-8　CNC-10 A 控制系统主界面

（3）CNC-10 A 控制系统功能及操作详解

本系统所有的操作按钮、状态、图形显示全部在屏幕上实现。各种操作命令均可用轨迹球或相应的按键完成。鼠标器操作时，可移动鼠标器，使屏幕上显示的箭状光标指向选定的屏幕按钮或位置，然后用鼠标器左键点击，即可选择相应的功能。现将各种控制功能介绍如下。

【显示窗口】：该窗口下用来显示加工工件的图形轮廓、加工轨迹或相对坐标、加工代码。

【显示窗口切换标志】：用轨迹球点取该标志（或按“F10”键），可改变显示窗口的内容。系统进入时，首先显示图形，以后每点取一次该标志，依次显示“相对坐标”“加工代码”“图形”……其中相对坐标方式，以大号字体显示当前加工代码的相对坐标。

【间隙电压指示】：显示放电间隙的平均电压波形（也可以设定为指针式电压表方式）。在波形显示方式下，指示器两边各有一条 10 等分线段，空载间隙电压定为 100%（即满幅值），等分线段下端的黄色线段指示间隙短路电压的位置。波形显示的上方有两个指示标志：短路回退标志“BACK”，该标志变红色，表示短路；短路率指示，表示间隙电压在设定短路值以下的百分比。

【电机开关状态】：在电机标志右边有状态指示标志 ON(红色)或 OFF(黄色)。ON 状态，表示电机上电锁定(进给)；OFF 状态为电机释放。用光标点取该标志可改变电机状态(或用数字小键盘区的“Home”键)。

【高频开关状态】：在脉冲波形图符右侧有高频电压指示标志。ON(红色)、OFF(黄色)表示高频的开启与关闭；用光标点该标志可改变高频状态(或用数字小键盘区的“PgUp”键)。在高频开启状态下，间隙电压指示将显示电压波形。

【拖板点动按钮】：屏幕右中部有上、下、左、右向四个箭标按钮，可用来控制机床点动运行。若电机为“ON”状态，光标点取这四个按钮可以控制机床按设定参数作 X、Y 或 U、V 方向点动或定长走步。在电机失电状态“OFF”下，点取移动按钮，仅用作坐标计数。

【原点】：用光标点取该按钮(或按“I”键)进入回原点功能。若电机为“ON”状态，系统将控制拖板和丝架回到加工起点(包括“*U-V*”坐标)，返回时取最短路径；若电机为“OFF”状态，光标返回坐标系原点。

【加工】：工件安装完毕，程序准备就绪后(已模拟无误)，可进入加工。用光标点取该按钮(或按“W”键)，系统进入自动加工方式。首先自动打开电机和高频，然后进行插补加工。此时应注意屏幕上间隙电压指示器的间隙电压波形(平均波形)和加工电流。若加工电流过小且不稳定，可用光标点取跟踪调节器的“+”按钮(或“End”键)，加强跟踪效果。反之，若频繁地出现短路等跟踪过快现象，可点取跟踪调节器“–”按钮(或“PageDown”键)，至加工电流、间隙电压波形、加工速度平稳。加工状态下，屏幕下方显示当前插补的 *X—Y*、*U—V* 绝对坐标值，显示窗口绘出加工工件的插补轨迹。显示窗下方的显示器调节按钮可调整插补图形的大小和位置，或者开启 / 关闭局部观察窗。点取显示切换标志，可选择图形 / 相对坐标显示方式。

【暂停】：用光标点取该按钮(或按“P”键或数字小键盘区的“Del”键)，系统将终止当前的功能(如加工、单段、控制、定位、回退)。

【复位】：用光标点取该按钮(或按“R”键)将终止当前一切工作，消除数据和图形，关闭高频和电机。

【单段】：用光标点取该按钮(或按“S”键)，系统自动打开电机、高频，进入插补工作状态，加工至当前代码段结束时，系统自动关闭高频，停止运行。再按【单段】，继续进行下段加工。

【检查】：用光标点取该按钮(或按“T”键)，系统以插补方式运行一步，若电机处于“ON”状态，机床拖板将做响应的一步动作，在此方式下可检查系统插补及机床的功能是否正常。

【模拟】：模拟检查功能可检验代码及插补的正确性。在电机失电状态下（“OFF”状态），系统以每秒 2 500 步的速度快速插补，并在屏幕上显示其轨迹及坐标。若在电机锁定状态下（“ON”状态），机床空走插补，拖板将随之动作，可检查机床控制联动的精度及正确性。“模拟”操作方法如下。

① 读入加工程序。

② 根据需要选择电机状态后，按【模拟】钮（或“D”键），即进入模拟检查状态。

屏幕下方显示当前插补的 X-Y、U-V 坐标值（绝对坐标），若需要观察相对坐标，可用光标点取显示窗右上角的【显示切换标志】（或“F10”键），系统将以大号字体显示，再点取【显示切换标志】，将交替地处于图形 / 相对坐标显示方式，点取显示调节按钮最左边的局部观察钮（或“F1”键），可在显示窗口的左上角打开一局部观察窗，在观察窗内显示放大 10 倍的插补轨迹。若需中止模拟过程，可按【暂停】钮。

【定位】：系统可依据机床参数设定，自动定中心及 $\pm X$、$\pm Y$ 四个端面。

① 定位方式选择

● 用光标点取屏幕右中处的参数窗标志【OPEN】（或按“O”键），屏幕上将弹出参数设定窗，可见其中有【定位 LOCATIONXOY】一项。

● 将光标移至“XOY”处轻点左键，将依次显示为 XOY、XMAX、XMIN、YMAX、YMIN。

● 选定合适的定位方式后，用光标点取参数设定窗左下角的 CLOSE 标志。

② 定位

光标点取电机状态标志，使其成为“ON”（原为“ON”可省略）。按【定位】钮（或“C”键），系统将根据选定的方式自动进行对中心、定端面的操作。在钼丝遇到工件某一端面时，屏幕会在相应位置显示一条亮线。按【暂停】钮可中止定位操作。

【读盘】：将存有加工代码文件的软盘插入软驱中，用光标点取该按钮（或按“L”键），屏幕将出现磁盘上存储全部代码文件名的数据窗。用光标指向需读取的文件名，轻点左键，该文件名背景变成黄色；然后用光标点取该数据窗左上角的“口”（撤销）钮，系统自动读入选定的代码文件，并快速绘出图形。该数据窗的右边有上下两个三角标志“△”按钮，可用来向前或向后翻页，当代码文件不在第一页中显示时，可用翻页来选择。

【回退】：系统具有自动 / 手动回退功能。在加工或单段加工中，一旦出现高频短路现象，系统即自动停止插补，若在设定的控制时间内（由机床参数设置），短路达到设定的次数，系统将自动回退。若在设定的控制时间内，短路仍不能消除，系统将自动切断高频，停机。

在系统静止状态（非【加工】或【单段】），按下【回退】钮（或按“B”键），系统做回退运行，回退至当前段结束时，自动停止；若再按该按钮，继续前一段的回退。

【跟踪调节器】：该调节器用来调节跟踪的速度和稳定性，调节器中间红色指针表示调节量的大小；表针向左移动，位跟踪加强（加速）；向右移动，位跟踪减弱（减速）。指针表两侧有两个按钮，“+”按钮（或“End”键）加速，“—”按钮（或“PgDn”键）减速；调节器上方英文字母 JOB SPEED/S 后面的数字量表示加工的瞬时速度。单位为步 / 秒。

【段号显示】：此处显示当前加工的代码段号，也可用光标点取该处，在弹出屏幕小键盘后，键入需要起割的段号（注：锥度切割时，不能任意设置段号）。

【局部观察窗】：点击该按钮（或“F1”键），可在显示窗口的左上方打开一局部窗口，其中将显示放大十倍的当前插补轨迹；再按该按钮时，局部窗关闭。

【图形显示调整按钮】：这六个按钮有双重功能，在图形显示状态时，其功能依次为：“+”或“F2”键：图形放大 1.2 倍；“–”或“F3”键：图形缩小 0.8 倍；“←”或“F4”键：图形向左移动 20 单位；“→”或“F5”键：图形向右移动 20 单位；“↑”或“F6”键：图形向上移动 20 单位；“↓”或“F7”键：图形向下移动 20 单位。

【坐标显示】：屏幕下方“坐标”部分显示 X、Y、U、V 的绝对坐标值。

【效率】：此处显示加工的效率，单位：mm/min；系统每加工完一条代码，即自动统计所用的时间，并求出效率。

【YH 窗口切换】：光标点取该标志或按“ESC”键，系统转换到绘图式编程屏幕。

【图形显示的缩放及移动】：在图形显示窗下有小按钮，从最左边算起分别为对称加工、平移加工、旋转加工和局部放大窗开启 / 关闭（仅在模拟或加工态下有效），其余依次为放大、缩小、左移、右移、上移、下移，可根据需要选用这些功能，调整在显示窗口中图形的大小及位置。

具体操作可用轨迹球点取相应的按钮，或从局部放大起直接按 F1、F2、F3、F4、F5、F6、F7 键。

【代码的显示、编辑、存盘和倒置】：用光标点取显示窗右上角的【显示切换标志】（或“F10”键），显示窗依次为图形显示、相对坐标显示、代码显示（模拟、加工、单段工作时不能进入代码显示方式）。

在代码显示状态下用光标点取任一有效代码行，该行即点亮，系统进入编辑状态，显示调节功能钮上的标记符号变成 S、I、D、Q、↑、↓，各键的功能变换成：S——代码存盘；I——代码倒置（倒走代码变换）；D——删除当前行（点亮行）；Q——退出编辑态；↑——向上翻页；↓——向下翻页。

在编辑状态下可对当前点亮行进行输入、删除操作（键盘输入数据）。编辑结束后，按“Q”键退出，返回图形显示状态。

【计时牌功能】： 系统在【加工】、【模拟】、【单段】工作时，自动打开计时牌。终止插补运行，计时自动停止。用光标点取计时牌，或按“O”键可将计时牌清零。

【倒切割处理】： 读入代码后，点取【显示窗口切换标志】或按“F10”键，直至显示加工代码。用光标在任一行代码处轻点一下，该行点亮。窗口下面的图形显示调整按钮标志转成 S、I、D、Q 等；按“I”钮，系统自动将代码倒置（上下异形件代码无此功能）；按“Q”键退出，窗口返回图形显示。在右上角出现倒走标志“V”，表示代码已倒置，【加工】、【单段】、【模拟】以倒置方式工作。

【断丝处理】： 加工遇到断丝时，可按【原点】（或按“I”键）拖板将自动返回原点，锥度丝架也将自动回直（注：断丝后切不可关闭电机，否则即将无法正确返回原点）。若工件加工已将近结束，可将代码倒置后，再行切割（反向切割）。

4. 线切割机床绘图式自动编程系统

（1）CNC-10 A 绘图式自动编程系统界面示意图

在控制屏幕中用光标点取左上角的【YH】窗口切换标志（或按“ESC”键），系统将转入 CNC-10 A 编程屏幕。图 7-9 为绘图式自动编程系统主界面。

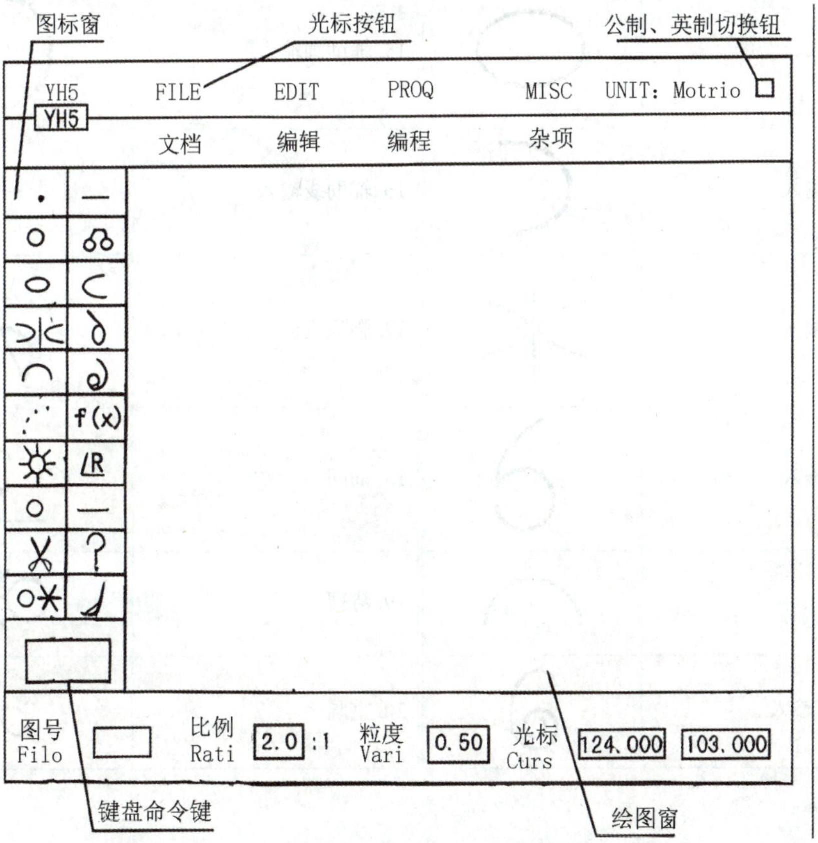

图 7-9　绘图式自动编程系统主界面

（2）CNC-10 A 绘图式自动编程系统图标命令和菜单命令简介

CNC-10 A 绘图式自动编程系统的操作集中在 20 个命令图标和 4 个弹出式菜单内。它们构成了系统的基本工作平台。在此平台上，可进行绘图和自动编程。表 7-9 为 20 个命令图标功能简介，图 7-10 为菜单功能。

表 7-9　绘图命令图标功能简介

功能	命令图标	功能	命令图标
1. 点输入	•	11. 列表点输入	⁚ • ⁚
2. 直线输入	—	12. 任意函数方程输入	*f*（x）
3. 圆输入	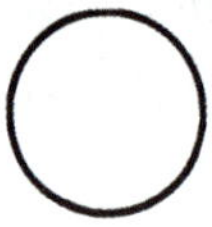	13. 齿轮输入	
4. 公切线 / 公切圆输入		14. 过渡圆输入	∠ *R*
5. 椭圆输入	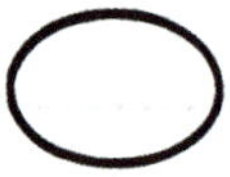	15. 辅助圆输入	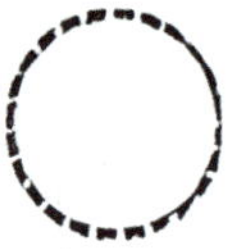
6. 抛物线输入		16. 辅助线输入	……
7. 双曲线输入		17. 删除线段	
8. 渐开线输入		18. 询问	?
9. 摆线输入		19. 清理	
10. 螺旋线输入		20. 重画	

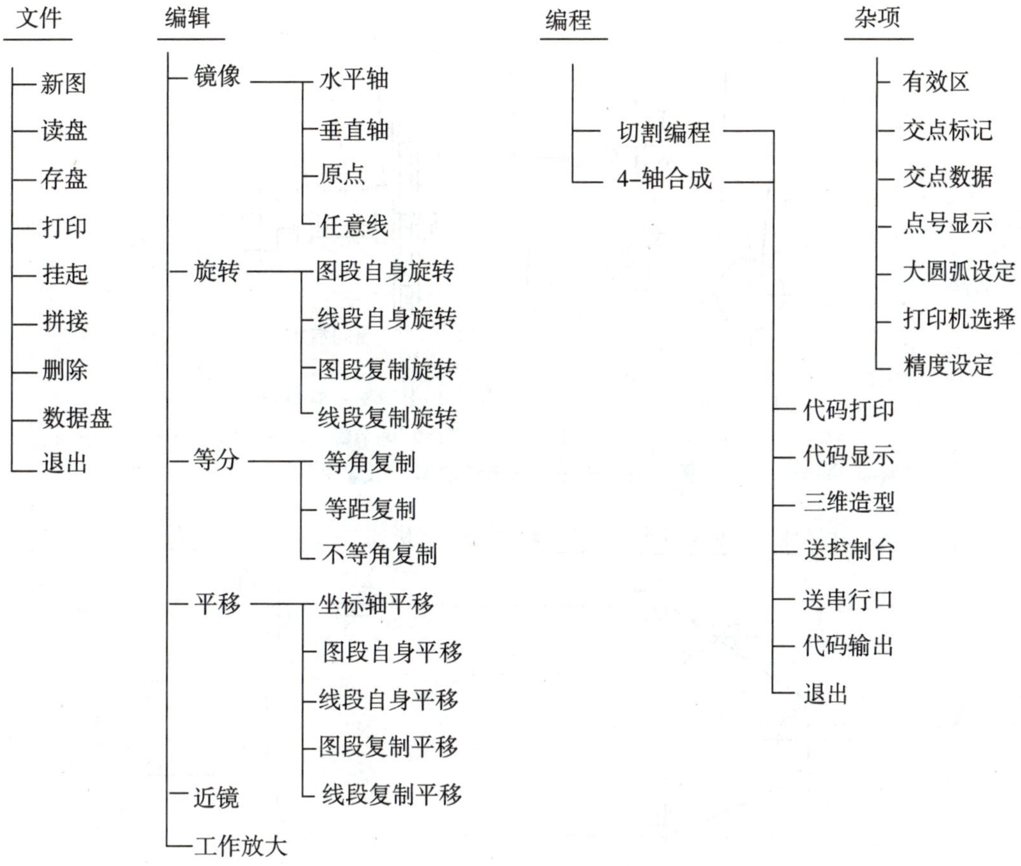

图 7-10　CNC-10 A 自动编程系统的菜单功能

5. 电极丝的绕装

如图 7-11 和图 7-12 所示，具体绕装过程如下。

（1）机床操纵面板 SA1 旋钮左旋。

（2）上丝起始位置在贮丝筒右侧，用摇手手动将贮丝筒右侧停在线架中心位置。

（3）将右边撞块压住换向行程开关触点，左边撞块尽量拉远。

（4）松开上丝器上螺母 5，装上钼丝盘 6 后拧上螺母 5。

（5）调节螺母 5，将钼丝盘压力调节适中。

（6）将钼丝一端通过上丝轮 3 后固定在贮丝筒 1 右侧螺钉上。

（7）空手逆时针转动贮丝筒几圈，转动时撞块不能脱开换向行程开关触点。

（8）按操纵面板上 SB2 旋钮（运丝开关），贮丝筒转动，钼丝自动缠绕在贮丝筒上，达到要求后，按操纵面板上 SB1 急停旋钮，即可将电极丝装至贮丝筒上。

（9）按图 7-12 方式，将电极丝绕至丝架上。

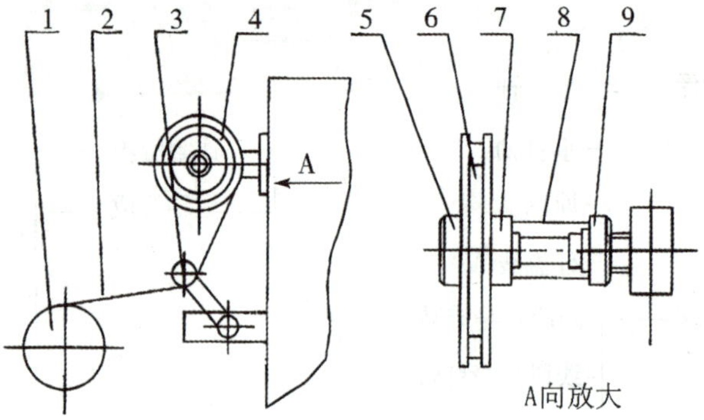

1- 贮丝筒；2- 钼丝；3- 上丝轮；4- 上丝架；5- 螺母；
6- 钼丝盘；7- 挡圈；8- 弹簧；9- 调节螺母。

图 7-11　电极丝绕至贮丝筒上示意图

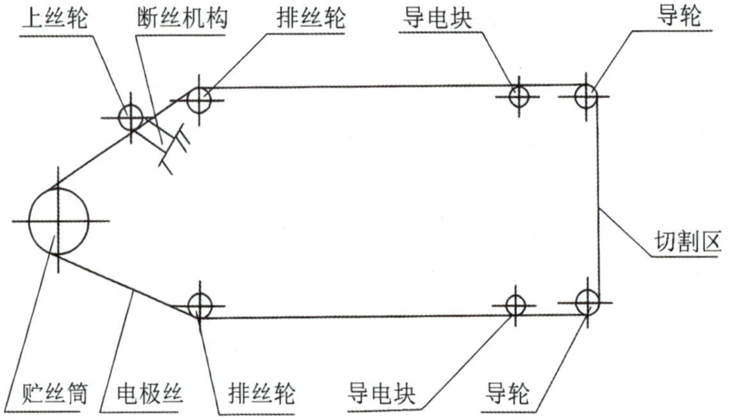

图 7-12　电极丝绕至丝架上示意图

6. 工件的装夹与找正

（1）装夹工件前先校正电极丝与工作台的垂直度。

（2）选择合适的夹具将工件固定在工作台上。

（3）按工件图纸要求用百分表或其他量具找正基准面，使之与工作台的 X 向或 Y 向平行。

（4）工件装夹位置应使工件切割区在机床行程范围之内。

（5）调整好机床线架高度，切割时，保证工件和夹具不会碰到线架的任何部分。

7. 机床操作步骤

（1）合上机床主机上电源开关。

（2）合上机床控制柜上电源开关，启动计算机，双击计算机桌面上【YH】图标，进入线切割控制系统。

（3）解除机床主机上的急停按钮。

（4）按机床润滑要求加注润滑油。

（5）开启机床空载运行 2 min，检查其工作状态是否正常。

（6）按所加工零件的尺寸、精度、工艺等要求，在线切割机床自动编程系统中编制线切割加工程序，并送控制台。或手工编制加工程序，并通过软驱读入控制系统。

（7）在控制台上对程序进行模拟加工，以确认程序准确无误。

（8）工件装夹。

（9）开启运丝筒。

（10）开启冷却液。

（11）选择合理的电加工参数。

（12）手动或自动对刀。

（13）点击控制台上的“加工”键，开始自动加工。

（14）加工完毕后，按“Ctrl + Q”键退出控制系统，并关闭控制柜电源。

（15）拆下工件，清理机床。

（16）关闭机床主机电源。

8. 机床安全操作规程

根据 DK7725E 型线切割机床的操作特点，特制定如下操作规程。

（1）学生初次操作机床，须仔细阅读线切割机床实训指导书或机床操作说明书。并在实训教师指导下操作。

（2）手动或自动移动工作台时，必须注意钼丝位置，避免钼丝与工件或工装产生干涉而造成断丝。

（3）用机床控制系统的自动定位功能进行自动找正时，必须关闭高频，否则会烧丝。

（4）关闭运丝筒时，必须停在两个极限位置（左或右）。

（5）装夹工件时，必须考虑本机床的工作行程，加工区域必须在机床行程范围之内。

（6）工件及装夹工件的夹具高度必须低于机床线架高度，否则，加工过程中会发生工件或夹具撞上线架而损坏机床。

（7）支撑工件的工装位置必须在工件加工区域之外，否则，加工时会连同工件一起割掉。

（8）工件加工完毕，必须随时关闭高频电源。

（9）经常检查导轮、排丝轮、轴承、钼丝、切割液等易损、易耗件（品），发现损坏及时更换。

拓展阅读

数控电火花线切割加工技术的优点和缺点

数控电火花线切割是一种高精度的加工技术，通过电火花放电原理实现对导电材料的精密切割。这种加工方法具有一些明显的优点和一些缺点如下。

1. 优点

（1）高精度。数控电火花线切割能够实现极高的加工精度，通常在微米级别。这使其特别适用于对零件精度要求非常高的应用领域。

（2）适用于复杂形状。由于电火花线切割是非接触式加工，可以切割出复杂形状和细小结构的零部件，而不会对工件表面造成损伤。

（3）不产生机械应力。电火花线切割是一种非机械加工，不会在工件表面产生机械应力，因此适用于对工件材料要求较高的情况。

（4）适用于硬质材料。电火花线切割可用于加工硬质材料，如硬质合金、钢铁等，而这些材料在传统机械加工中可能较难加工。

（5）低热影响。由于加工过程中只有瞬时的电火花放电，热影响较小，不会引起工件变形或热裂纹，适用于对材料热敏感的情况。

2. 缺点

（1）加工速度较慢。与一些其他加工方法相比，电火花线切割的加工速度相对较慢。这可能导致对于大批量生产不太适用。

（2）电极磨损。在电火花线切割中，电极和工件之间的放电会导致电极磨损，需要定期更换电极，增加了成本。

（3）表面平整度相对较差。与一些其他精密加工方法相比，电火花线切割可能在加工表面上留下一些微小的放电坑，影响表面质量。

（4）加工深度受限。电火花线切割的加工深度相对受限，不适合对深孔的加工。

（5）适用材料有限。由于需要工件是导电材料，因此电火花线切割对于非导电材料的加工局限性较大。

总体而言，数控电火花线切割在高精度、复杂形状的零部件加工领域有着独特的优势，但在一些要求加工速度和表面质量较高的场合可能不太适用。在选择加工方法时，需要综合考虑工件要求和加工条件。

7.3 电火花成型加工技术

电火花加工技术在许多领域和行业中都有着广泛的应用，特别是在航空航天、汽车制造、模具制造、电子工业以及医疗器械等领域中，这种技术被广泛应用于复杂形状零件的加工和精密微细加工。由于其独特的加工原理和优势，电火花加工技术能够处理各种高硬度、高韧性的材料，如钛合金、高温合金和硬质合金等，从而在航空航天领域中发挥重要作用。

7.3.1 电火花成型加工的原理

电火花成型加工是在一定的介质中通过工具电极和工件电极之间脉冲放电的电蚀作用，对工件进行加工的方法。电火花成型加工的原理如图 7-13 所示。

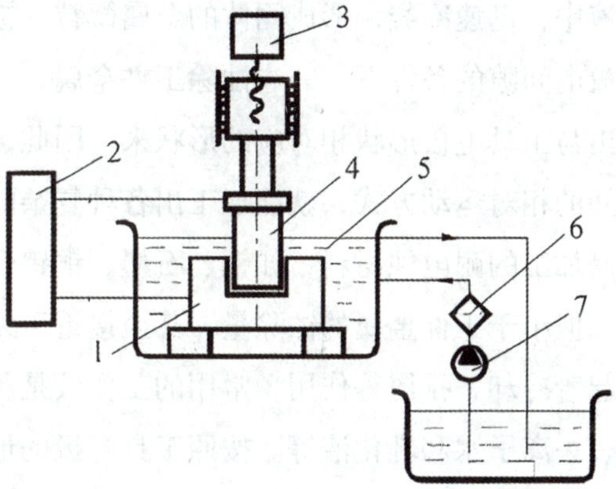

1- 工件；2- 脉冲电源；3- 自动进给调节系统；4- 工具；
5- 工作液；6- 过滤器；7- 工作液泵。

图 7-13 电火花成型加工的原理

工件 1 与工具 4 分别与脉冲电源 2 的两输出端相连接。自动进给调节装置 3（此处为液压油缸和活塞）使工具和工件间持续保持一很小的放电间隙，当脉冲电压加到两极之间，便在某一间隙最小处或绝缘强度最弱处击穿介质，产生火花放电；放电时的瞬时高温使工具和工件表面局部熔化，甚至气化蒸发而电蚀掉一小部分金属，各自形成一个小凹坑，如图 7-14 所示。

图 7-14（a）表示单个脉冲放电后的电蚀坑，图 7-14（b）表示多次脉冲放电后的电极表面。脉冲放电结束后，经过脉冲间隔时间，使工作液恢复绝缘后，第二个脉冲电压又加到两极上，又会在当时极间距离相对最近或绝缘强度最弱处击穿放电，电蚀出一个小凹坑。整个加工表面将由无数小凹坑所组成。这种放电循环每秒钟重复数千次到数万次，使

工件表面形成许许多多非常小的凹坑，称为电蚀现象。随着工具电极不断进给，工具电极的轮廓尺寸就被精确地“复制”在工件上，达到成型加工的目的。

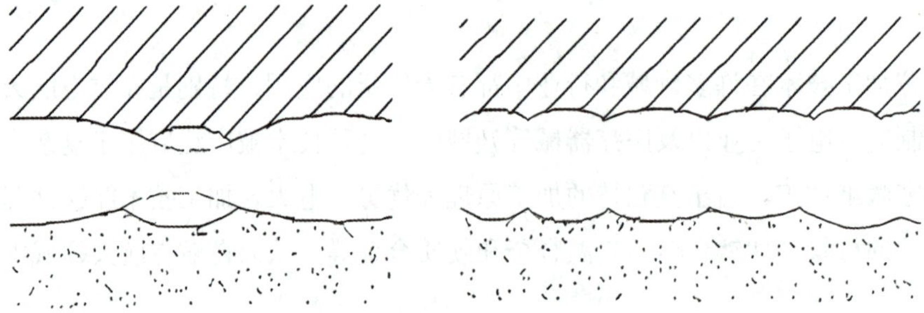

（a）　　（b）

图 7-14　电火花加工表面局部放大

进行电火花加工时，在放电的微细通道中瞬时集中大量的热能，温度可高达一万摄氏度以上，压力也急剧变化，从而使这一点工作表面局部微量的金属材料立刻熔化、气化，并爆炸式地飞溅到工作液中，迅速冷凝，形成固体的金属微粒，被工作液带走。在保持工具电极与工件之间恒定放电间隙的条件下，一边蚀除工件金属，一边使工具电极不断地向工件进给，最后便加工出与工具电极形状相对应的形状来。因此，只要改变工具电极的形状和工具电极与工件之间的相对运动方式，就能加工出各种复杂的型面。工具电极常用导电性良好、熔点较高、易加工的耐电蚀材料，如铜、石墨、铜钨合金和钼等。在加工过程中，工具电极也有损耗，但小于工件金属的蚀除量，甚至接近于无损耗。工作液作为放电介质，在加工过程中还起着冷却、排屑等作用。常用的工作液是黏度较低、闪点较高、性能稳定的介质，如煤油、去离子水和乳化液等。按照工具电极的形式及其与工件之间相对运动的特征，可将电火花加工方式分为五类：利用成型工具电极，相对工件做简单进给运动的电火花成型加工；利用轴向移动的金属丝做工具电极，工件按所需形状和尺寸做轨迹运动，以切割导电材料的电火花线切割加工；利用金属丝或成型导电磨轮作工具电极，进行小孔磨削或成型磨削的电火花磨削；利用加工螺纹环规、螺纹塞规、齿轮等的电火花共轭回转加工；小孔加工、刻印、表面合金化、表面强化等其他种类的加工。

7.3.2　电火花成型加工的特点及应用范围

电火花成型加工与一般切削加工相比有以下特点。

（1）电火花加工能“以柔克刚”。即用软的工具电极来加工任何硬度的工件材料，如淬火钢、不锈钢、耐热合金和硬质合金等导电材料。

（2）电火花加工能加工普通切削加工方法难以切削的材料和复杂形状工件。加工时无切削力；不产生毛刺和刀痕沟纹等缺陷；工具电极材料无须比工件材料硬；直接使用电能加工，便于实现自动化；加工后表面产生变质层，在某些应用中须进一步去除；工作液的净化和加工中产生的烟雾污染处理比较麻烦。因而一切小孔、深孔、弯孔、窄缝和薄壁弹性件等，它们不会因工具或工件刚度太低而无法加工；各种复杂的型孔、型腔和立体曲面，都可以采用成型电极一次加工，不会因加工面积过大而引起切削变形。

（3）脉冲参数可以任意调节。加工中不要更换工具电极，就可以在同一台机床上通过改变电规准（指脉冲宽度、电流、电压）连续进行粗、半精和精加工。精加工的尺寸精度可达 0.01 mm，表面粗糙度 *Ra* 为 0.8 μm，微精加工的尺寸精度可达 0.002 ～ 0.004 mm，表面粗糙度 *Ra* 为 0.1 ～ 0.05 μm。

电火花加工工艺指标，可归纳为生产率（指蚀除速度）、表面粗糙度和尺寸精度。影响这些的工艺因素，可归纳为电极对、电参数和工作液等。当电极对及工作液已确定后，电参数成为工艺指标的重要参数。一般随着脉冲宽度和电流幅值的增加，放电间隙、生产率和表面粗糙度值均增大，由于提高生产率和降低表面粗糙度值有矛盾，因此，在加工时要根据工件的工艺要求进行综合考虑，以合理选择电参数。

7.3.3　电火花加工的局限性

1. 二次硬化带问题

二次硬化带（再硬化带、再硬化层），指电火花加工过程中，由于火花放电产生热量，在工具、模具被加工表面形成的硬化层。在显微镜下可以观察到，二次硬化带为浅白色，厚度约为 0.003 ～ 0.12 mm。由于硬化层未经回火处理，处于高应力状态，在使用中容易破裂，尤其在硬化层厚度较大情况下。根据研究报道，电火花加工二次硬化带形成与被加工件材料性质、介质液选择和电规准选择有关系。例如：在高频率小火花放电情况下的电火花加工容易产生二次硬化带。相应减小二次硬化带形成的办法为：选择合适的模具零件材料；选择合适的电火花加工介质液；在加工中选用较低脉冲频率进行一次或几次精加工。另外，可以采用后续加工办法减少或消除二次硬化带影响，如后续低温回火、电抛光、电解、研磨、磨削等。

未经后处理的二次硬化带对模具使用寿命是一个不利的影响因素，经后处理的二次硬化带对模具使用寿命起延长作用。电火花加工工程技术人员利用火花放电表面硬化特点，开发了用于机械零件磨损修复和强化的电火花强化机。据有关资料，由脉冲电源和振动器组成的电火花强化机通过火花放电，可在工件表面形成一层高硬度、高耐磨的强化层，在反复振动、放电作用下，强化层微量增厚，达到修复磨损机械零件和强化机械零件目的，强化层粗糙度 *Ra* 可达到 1.6 μm，硬度可达到 HRC70，一般不经后处理即可应用。

2. 电极损耗问题

在加工中，电火花在烧蚀工件材料的同时，也在烧蚀电极材料。在多次重复加工中，工具电极逐步失去原有形状，使加工结果变形（精度超差）。解决办法是：根据具体加工选择合适的工具电极材料以减小电极材料的烧蚀速度，同时，根据工件材料和电极材料选择合适的电规准（电规准选择见机床使用说明书）。另外，可采用阶梯电极或使用多个铸造电极依次安装进行加工办法解决。如前所述，电火花加工通过工具电极与工件被加工面之间火花放电蚀除金属材料；在粗加工中，电火花加工金属蚀除率可达到 100 ～ 200 mm^3/min，甚至更高；但是，这一蚀除率数值仍远低于使用车刀、铣刀等金属切削刀具进行切削加工时可达到的金属切除率。因此，提高电火花加工生产效率应充分发挥切削刀具高效切削功能，以车、铣、刨等方法切除尽可能多的金属材料余量，让电火花加工蚀除尽可能少的金属材料余量。此外，提高电火花加工生产效率办法，应在满足加工要求（精度、粗糙度）前提下，尽可能采用粗规准进行加工，尽可能不用中规准和精规准进行加工。

7.3.4 电火花成型加工在模具制造业中的应用

电火花加工结果所得到的被加工件形状与加工中使用的电极凸模形状对应，因此，电火花加工适合于制造各种压印模具，包括压痕、压花、压筋和其他变形模具。

电火花加工结果凹模型腔形状取决于工具电极凸模形状，并且可通过简化安装，依次加工出模具凹模、卸料板、凸模固定板的对应型腔，因此，电火花加工适用于制造各种下料模具、冲孔模具，包括多凸模下料、冲孔模具。

电火花加工不忌被加工件材料的硬度状况，因此，很适合于加工各种高硬度、难加工材料模具（如硬质合金模具）。各种金属模具型腔件可以在热处理后进行电火花精加工。电火花加工主要用于加工具有复杂形状的型孔和型腔的模具和零件；加工各种硬、脆材料，如硬质合金和淬火钢等；加工深细孔、异形孔、深槽、窄缝和切割薄片等；加工各种成型刀具、样板和螺纹环规等工具和量具。

电火花加工可以在硬质材料上同时加工多个不规则型腔而不需要熟练的钳工加工技术，也无须考虑模具热处理变形问题、剖切加工问题（传统模具加工中，一些模具型腔需要剖切后加工），模具加工所需时间相对较少。

用电火花加工锻模、压铸模、挤压模等型腔以及叶轮、叶片等曲面，比穿孔困难得多。原因如下。

（1）型腔属盲孔，所需蚀除的金属量多，工作液难以有效地循环，以致电蚀产物排除不净而影响电加工的稳定性。

（2）型腔各处深浅不一和圆角不等，使工具电极各处损耗不一致，影响尺寸仿形加工的精度。

（3）不能用阶梯电极来实现粗、精规准的转换加工，影响生产率的提高。

针对上述原因，电火花加工型腔时，应采取以下措施。

（1）在工具电极上开冲油孔，利用压力油将电蚀物强迫排除。

（2）合理地选择脉冲电源和极性，一般采用电参数调节范围较大的晶体管脉冲电源，用紫铜或石墨作电极，粗加工时（宽脉冲）时负极性，精加工时正极性，以减少工具电极的损耗。

（3）采用多规准加工方法，即先用宽脉冲、大电流和低损耗的粗规准加工成型，然后逐级转精整形来实现粗、精规准的转换加工，以提高生产率。

拓展阅读

电火花成型加工技术的优缺点

电火花成型是一种非传统的金属加工技术，利用电脉冲放电的原理进行材料去除。这种加工方法有一些优点和一些缺点如下。

1. 优点

（1）高精度。电火花成型加工技术能够实现非常高的加工精度，通常在微米级别。这使其适用于对零件精度要求非常高的应用领域。

（2）适用于硬质材料。电火花成型加工技术不受材料硬度的限制，适用于加工硬质合金、钢铁等难加工的材料。

（3）不受材料导电性限制。与其他电加工方法相比，电火花成型加工技术不受工件材料的导电性限制，因为电脉冲放电时在电极和工件之间形成的电离通道足以完成加工。

（4）适用于复杂形状。由于电火花成型加工技术是非机械接触的加工方法，可以切割出复杂形状和细小结构的零部件，而不会对工件表面造成损伤。

（5）低热影响。由于加工过程中只有瞬时的电脉冲放电，热影响相对较小，不会引起工件变形或热裂纹。

2. 缺点

（1）加工速度较慢。电火花成型加工技术的加工速度相对较慢，尤其是在要求高精度的情况下。这可能导致对于大批量生产不太适用。

（2）电极磨损。在电火花成型加工技术中，电极和工件之间的放电会导致电极磨损，需要定期更换电极，增加了成本。

（3）表面质量相对较差。与一些其他精密加工方法相比，电火花成型加工技术可能在加工表面上留下一些微小的放电坑，影响表面质量。

（4）加工深度受限。电火花成型加工技术的加工深度相对受限，不适合对深孔的加工。

（5）电极形状局限性。应用电火花成型加工技术工作时，电极形状可能对最终成型有一定影响，因此需要合适的电极设计。

总体而言，电火花成型加工技术在高精度、硬质材料、复杂形状零件加工等方面具有独特的优势，但在加工速度、电极磨损等方面存在一些限制。在选择加工方法时，需要根据具体的工件要求和加工条件进行综合考虑。

7.4 激光加工和 3D 打印技术

激光加工和 3D 打印是现代制造技术中的两种重要方法，其中，激光加工是一种利用激光束进行材料加工的技术，主要包括激光切割、激光焊接、激光打标、激光雕刻等多种应用。3D 打印（或称增材制造）是一种通过逐层添加材料来制造三维物体的技术，以其设计自由度和快速成型优势在创新和个性化生产中发挥重要作用。随着技术的进步，这两种技术在许多行业中的应用将会更加广泛和多样化。

7.4.1 激光加工

1. 激光加工的工作原理及特点

激光的光强度高，方向性、相干性和单色性好，通过光学系统可将激光束聚焦成直径为几十微米到几微米的极小光斑，从而获得极高的能量密度（$10^8 \sim 10^{10}$ W/cm^2）。

当激光的工作物质钇铝石榴石受到光泵（激励脉冲氙灯）的激发后，吸收具有特定波长的光，在一定条件下可导致工作物质中的亚稳态粒子数大于低能级粒子数，这种现象称为粒子数反转。此时一旦有少数激发粒子产生受激辐射跃迁，造成光放起，再经过谐振腔内的全反射镜和部分反射镜的反馈作用产生振荡，此时由调振腔的一端输出激光，再通过透镜聚焦成高能光束，照射在工件表面上，即可进行加工。固体激光器中常用的工作物质除钇铝石榴石外，还有红宝石和钕玻璃等材料。

当激光照射到工件表面，光能被工件吸收并迅速转化为热能，光斑区域的温度可达 10 000 ℃以上，可使材料熔化或者气化。

随着激光能量的不断吸收，材料凹坑内的金属蒸汽迅速膨胀，压力突然增大，熔融物爆炸式地高速喷射出来，在工件内部形成方向性很强的冲击波。因此，激光加工是工件在光热效应下产生的高温熔融和冲击波的综合作用过程。

激光加工的具体特点如下。

（1）激光加工属于高能束流加工，其功率密度可高达 10^8 ～ 10^{10} W/cm^2，几乎可以加工任何金属与非金属材料。

（2）激光加工无明显机械力，也不存在机械损耗问题。加工速度快，热影响区小，易实现加工过程自动化。

（3）激光可通过玻璃等透明材料进行加工，如对真空管内部进行焊接等。

（4）激光可以通过聚焦，形成微米级的光斑，输出功率的大小可以调节，因此可用于精密微细加工。

（5）可达到 0.01 mm 的平均加工精度和 0.001 mm 的最高加工精度，表面粗糙度 *Ra* 值可达 0.4 ～ 0.1 μm。

2. 激光加工基本设备及其组成部分

激光加工基本设备由激光器、导光聚焦系统和加工机（激光加工系统）三部分组成。

（1）激光器

激光器是激光加工的重要设备，它的任务是把电能转变成光能，产生所需要的激光束。按工作物质的种类可分为：① 固体激光器，包括红宝石激光器、钕玻璃激光器、YGA（掺钕钇铝石榴石）激光器等。② 气体激光器，包括二氧化碳激光器、氩离子激光器等。

（2）导光聚焦系统

根据被加工工件的性能要求，光束经放大、整形、聚焦后作用于加工部位，这种从激光器输出窗口到被加工工件之间的装置称为导光聚焦系统。

（3）激光加工系统

激光加工系统主要包括床身、能够在三维坐标范围内移动的工作台及机电控制系统等。随着电子技术的发展，许多激光加工系统已采用计算机来控制工作台的移动，实现激光加工的连续工作。

3. 激光加工的应用

（1）激光打孔

随着近代工业技术的发展，硬度大、熔点高的材料应用越来越多，并且常常要求在这些材料上打出又小又深的孔，例如，钟表或仪表的宝石轴承、钻石拉丝模具、化学纤维的喷丝头以及火箭或柴油发动机中的燃料喷嘴等。这类加工任务，用常规的机械加工方法很困难，有的甚至是不可能的，而用激光打孔，则能比较好地完成任务。

激光打孔中，要详细了解打孔的材料及打孔要求。从理论上讲，激光可以在任何材料的不同位置，打出浅至几微米，深至二十几毫米以上的小孔，但具体到某一台打孔机，它的打孔范围是有限的。所以，在打孔之前，最好对现有的激光器的打孔范围进行充分的了解，以确定能否打孔。

激光打孔的质量主要与激光器输出功率和照射时间、焦距与发散角、焦点位置、光斑内能量分布、照射次数及工件材料等因素有关。在实际加工中应合理选择这些工艺参数。

（2）激光切割

激光切割的原理与激光打孔相似，但工件与激光束要相对移动。在实际加工中，采用工作台数控技术，可以实现激光数控切割。

激光切割大多采用大功率的 CO_2 激光器，对于精细切割，也可采用 YAG 激光器。激光可以切割金属，也可以切割非金属。在激光切割过程中，由于激光对被切割材料不产生机械冲击和压力，再加上激光切割切缝小，便于自动控制，故在实际中常用来加工玻璃、陶瓷以及各种精密细小的零部件。

（3）激光焊接

当激光的功率密度为 10^5 ～ 10^7 W/cm^2，照射时间约为 1/100 s 时，可进行激光焊接。激光焊接一般不需要焊料和焊剂，只需将工件的加工区域“热熔”在一起即可。激光焊接速度快，热影响区小，焊接质量高，既可焊接同种材料，也可焊接异种材料，还可透过玻璃进行焊接。

当激光的功率密度为 10^3 ～ 10^5 W/cm^2 时，便可对铸铁、中碳钢，甚至低碳钢等材料进行激光表面淬火。淬火层深度一般为 0.7 ～ 1.1 mm，淬火层硬度比常规淬火高约 20%。激光淬火变形小，还能解决低碳钢的表面淬火强化问题。

（4）激光打标和雕刻

传统的打标是用酸腐蚀的，不仅有污染，而且要好几步工艺，费时费工。激光打标无污染，而且标记不易磨损，目前在汽车业及半导体工业已经普及。激光打标分两种方式：一种是用掩模板在产品上形成固定的标记，另一种是用计算机控制的光学扫描系统在产品上刻画出永久性标记。

（5）激光在医学中的应用

利用激光束的高亮度产生热效应、激光束好的单色性产生的生物效应可以治疗疾病。激光技术已成为医学中的新技术，已形成一个新医学分支——激光医学，可以医治眼科、妇科、皮肤科、内科、肿瘤科在内的 200 多种疾病。

7.4.2　3D 打印技术

3D 打印技术不断在各个领域展现其神奇的魅力，正逐渐融入设计、研发以及制造的各个环节。全球第一台 3D 打印机出现在 1986 年，至今，3D 打印技术已经在人体器官、医药、汽车、太空、艺术、食品、建筑等各领域扮演越来越重要的角色。

3D 打印技术是由数字模型直接驱动，运用金属、塑料、陶瓷、树脂、蜡、纸和砂等可黏合材料，在 3D 打印机上按照程序计算的运行轨迹，“分层制造，逐层堆积叠加”来构造出与数据描述一致的物理实体的技术。利用 3D 打印技术，可以将虚拟的、数字的物品快速还原到实体世界，得到个性化的产品，尤其是形状复杂、结构精细的物体。

3D 打印应称为快速成型技术（rapid prototyping，RP）。从用户的使用体验而言，快速成型技术设备与普通平面打印机极为相似，都是由控制组件、机械组件、打印头、耗材和介质等组成，打印成型过程也很类似。正因如此，快速成型技术才会被形象地称为 3D 打印。3D 打印与传统生产制造方式属于不同的技术范畴。传统的生产制造方式属于等材制造或减材制造技术范畴，而 3D 打印则属于增材制造技术范畴。

1. 3D 打印的软件

3D 打印中使用的软件主要包括建模软件、数据处理软件、设备控制软件。

（1）建模软件

有了 3D 数字模型，才可以打印出与 3D 数模一致的实体，3D 数模是 3D 打印的制造依据。建模软件用以辅助设计人员完成产品的 3D 设计。设计人员通过建模软件，可以在假想空间详细完整地表达产品的设计细节和需求。

目前，用于构建 3D 数模的软件有很多，可根据设计对象的形状和用途选择合适的建模软件。常见的三维建模有 UG、Solidwoks、Catia、Inventor 等。

（2）数据处理软件

3D 打印的基本原理是“分层制造，堆叠成型”。因此，3D 打印之前，需要对三维模型进行数据处理，包括将模型文件从模态结构转化成数字结构，并对转化过程中产生的错误进行检测、数据修复、转换、切片（分层）以及为模型添加必要支撑（便于堆叠）等操作，并生成 3D 打印设备可识别执行的数字文件。

（3）设备控制软件

设备控制软件主要是根据导入数据生成机器代码，并控制、监测 3D 打印设备完成成型加工。

2. 3D 打印的硬件

3D 打印的硬件主要指 3D 打印成型设备，俗称 3D 打印机，如图 7-15 所示，是 3D 打印系统的核心。

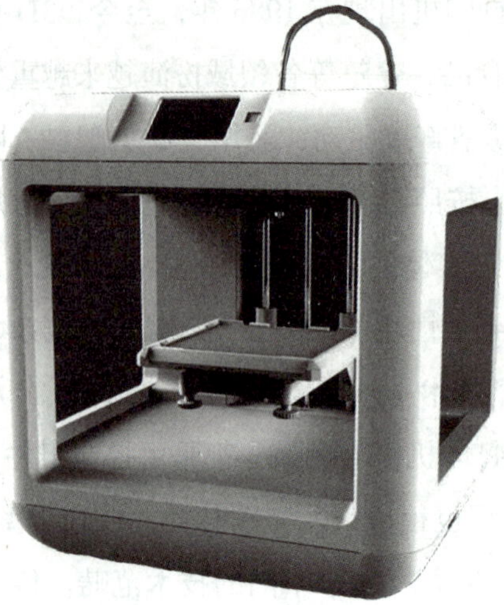

图 7-15　3D 打印机

3. 3D 打印材料

基于 3D 打印的成型原理，打印所用的原材料必须能够液化、粉末化或丝化。同时，保证打印完成后又能重新结合起来，并具有合格的物理、化学性能。除了模型成型材料，还需要辅助成型的凝胶剂或其他材料，以供支撑或用来填充空间，这些辅助材料在打印完成后需要处理、去除。

现在可用于 3D 打印的材料种类越来越多，树脂、塑料、合金（如镍基铬、钴、铝、钛等）、聚合物、陶瓷、橡胶类材料等都可作为成型原材料。随着技术的发展，3D 打印逐渐出现混合材料的应用。

4. 3D 打印工作流程

3D 打印从设计到分析再到制造生产的整个流程分为三维建模、切片处理、分层制造和后处理。

（1）三维建模

3D 打印制造过程的开始和普通打印机一样，也需要一个打印源文件，有了这个数字模型文件，才能进行下一步的工作。3D 打印的数据模型源文件一般是由 3D 制图或建模软件绘制，属于软件生成的矢量模型。通过三维建模，将我们对产品的创新落实成为第三人或机器可以理解的形式，是将创新转化为实物的第一步。三维模型设计好后，还要进行分析检查，看模型是否适合进行“打印”，需不需要进行表面平滑处理和瑕疵修正等。

（2）切片处理

3D 模型必须经由两个软件的处理才能完成“打印程序”，切片软件与传送软件。切片软件会将模型细分成可以打印的薄度，然后计算其打印路径，也就是得到分层截面信息，从而指导成型设备逐层制造。

切片处理后，设计模型文件将转换为 STL 格式文件。STL 文件格式是设计软件和成型系统之间协作的标准文件格式，它的作用是将设计的复杂细节转换为直观的数字形式。STL 文件使用三角面来近似模拟物体的表面，三角面越小其生成的表面分辨率越高。STL 文件的每个虚拟切片都反映着最终打印物体的一个横截面。STL 文件准备就绪，连接 CAD 和 CAM 的桥梁就已基本完成。成型设备的客户端软件读取 STL 文件，将这些数据传送至硬件。并提供控制其他功能的控制界面。硬件读取 STL 文件，即读取数字网格“切”成虚拟的薄层，这些薄层对应着即将实际“打印”的实体薄层。

通常，切片、传送等功能多合一，即切片引擎功能一体化。将成为 3D 打印设备前端软件不可避免的趋势。目前常用的切片软件有 Slic3r、Skeinforge、KISSlicer、Custom Open、Cura、Magics 等。

（3）分层制造

收到控制命令后，物理“打印”过程就可以开始了。“打印”设备全程自动运行，根据不同的成型原理，在“打印”进行并持续的过程中，会得到一层层的截面实体并逐层黏结，直至整个实体制造完毕。

（4）后处理

由于成型原理不同，经“打印”成型的实体有时还需要进一步的后处理，如去除支撑、打磨、组装、拼接、上色喷漆甚至二次固化等，以提高制品的质量。后处理之后，就可以得到创新产品了。

拓展阅读

3D 打印技术的优缺点

3D 打印技术作为一种快速成型技术，具有许多优点，但也存在一些缺点。

1. 优点

（1）快速原型制作。3D 打印技术可以迅速制作出复杂的原型，加速产品设计和开发过程。

（2）定制化生产。可以根据个体需求进行个性化和定制化的生产，适用于小批量生产或单件生产。

（3）复杂结构制造。能够制造复杂的几何结构和内部空间，难以通过传统制造方法实现的结构也可以轻松制作。

（4）材料利用率高。3D 打印技术几乎没有废料产生，材料利用率相对较高，降低了生产成本。

（5）生产灵活性。不同类型的产品可以通过更改设计文件而无需更改生产设备，提高了生产的灵活性。

（6）原材料多样性。3D打印可以使用多种材料，包括塑料、金属、陶瓷等，以适应不同的应用需求。

（7）小批量生产经济。对于小批量生产，特别是高度个性化的产品，3D打印技术更经济。

2. 缺点

（1）生产速度慢。相对于传统制造方法，3D打印的生产速度较慢，不适用于大规模、高产量的生产。

（2）材料有限性。尽管材料种类逐渐增多，但仍存在一些应用领域需要特殊性能材料，目前3D打印技术的材料有限。

（3）表面质量较低。3D打印制品的表面质量一般较低，需要进行额外的表面处理，尤其是对于需要高表面光洁度的产品。

（4）设备成本高。高性能的3D打印设备价格较高，这可能是一些中小型企业难以采用该技术的原因之一。

（5）设计限制。3D打印技术对设计的要求较高，一些复杂结构的产品需要专业的设计和优化。

（6）环境影响。3D打印过程中产生的废气和废渣，以及一些特殊材料的使用，可能对环境造成影响。

总体而言，3D打印技术在原型制作、小批量生产和个性化定制等方面有着显著的优势，但在大规模生产和速度上仍存在一些限制。随着技术的不断发展，一些缺点可能逐渐得到克服。

本章小结

本章主要介绍了现代制造技术，首先探讨了数控加工技术，强调其在提升加工精度和效率方面的关键作用。其次，介绍了数控电火花线切割加工技术，突出其在处理硬质材料方面的优势。再次，讲解了电火花成型加工技术，指出其在复杂形状加工中的应用。最后，讨论了激光加工和3D打印技术，这两种技术以其高精度和设计灵活性，正在革新传统制造方式。通过本章的学习，帮助读者理解这些技术如何共同推动制造业向更高效、更精密的方向发展。

课后思考

1. 通过本项目的学习，我懂得了：

（1）______

（2）______

（3）______

2. 关于现代制造技术的范畴，我有以下新认识：

（1）______

（2）______

（3）______

3. 在现实生活中，我接触过以下方面的现代制造技术：

（1）______

（2）______

（3）______

参 考 文 献

［1］章彬，熊良平，李宏炼．金工实习［M］．武汉：华中科技大学出版社，2023.

［2］胡晓东，刘文锋，彭潇潇．金工实习［M］．北京：清华大学出版社，2023.

［3］程孝鹏，金禧德．金工实习［M］．北京：高等教育出版社，2023.

［4］吴金文，徐留明，于磊磊．金工实习［M］．西安：西安电子科技大学出版社，2022.

［5］黄强．金工实习［M］．北京：机械工业出版社，2022.

［6］王万强．金工实习［M］．西安：西安电子科技大学出版社，2022.

［7］杨海鹏，马雄华．金属材料与热处理［M］．北京：化学工业出版社，2021.

［8］马胜梅，高美兰．金工实习［M］．北京：机械工业出版社，2021.

［9］于文强．金工实习教程［M］．北京：北京理工大学出版社，2021.

［10］孙文志，郭庆梁．金工实习教程［M］．北京：机械工业出版社，2021.

［11］吴传宇．工程实训指导书 金工实习［M］．北京：机械工业出版社，2024.

［12］李伯奎，姜海林．金工实习［M］．北京：高等教育出版社，2024.